KB124258

아이와
여행하다
놀다
공부하다

아이와 여행하다
놀다 공부하다

발 행 일 초판 1쇄 2016년 3월 15일

지 은 이 임후남 · 이재영
펴 낸 이 임후남

펴 낸 곳 생각을담는집
주　　소 경기도 광주시 오포읍 머루숯길 81번길 33
전　　화 070-8274-8587
팩　　스 031-719-8587
전자우편 mindprinting@hanmail.net

디 자 인 nice age
인　　쇄 올인피앤비

I S B N 978-89-94981-63-5 03980

국립중앙도서관 출판예정도서목록(CIP)

국립중앙도서관 출판예정도서목록(CIP) 아이와 여행하다 놀다 공부하다 / 지은이: 임후남, 이재영. — 광주 : 생각을 담는 집, 2016 　p. ; 　cm ISBN 978-89-94981-63-5 03980 : ₩15000 국내 여행[國內旅行] 981.102-KDC6 915.1904-DDC23　　　　CIP2016004161

* 책값은 뒤표지에 있습니다.
* 잘못 만들어진 책은 구입하신 곳에서 교환해 드립니다.

아이와 여행하다 놀다 공부하다

글 **임후남**
사진 **임후남 · 이재영**

목차

1부 아이와 여행하다

2부 아이와 놀다

3부 아이와 공부하다

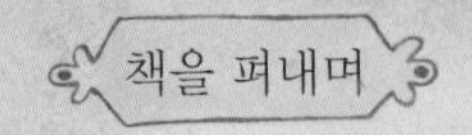

그동안 저는 여행을 좋아해 이곳저곳 혼자 혹은 여럿이 많이 돌아다녔습니다. 특히 아이가 자라면서는 아이를 앞세우고 많은 곳을 다녔지요. 처음에는 아름다운 풍광만 찾아 떠났던 여행이 언제부턴가 여행지에서 역사를 보기 시작했습니다. 그 어떤 곳도 역사를 담고 있지 않은 곳이 없기 때문이죠.

그러다 한 신문에 '교과서 여행'이란 주제로 2년여 간 글을 썼습니다. 이 책은 그것을 바탕으로 한 것입니다. 글을 쓰기 위해 오래전 가봤던 곳은 다시 한 번 찾아가기도 하고, 무작정 좋아 몇 번을 찾아간 곳도 있습니다. 더 많은 곳이 있음에도 불구하고 자의로 장소를 선정하고, 한 권의 책에 소개하지 못함이 안타까울 따름입니다.

백문이 불여일견, 즉 한 번 보는 것이 백 번 듣는 것보다 낫다고 했습니다. 아이와 함께 이곳저곳 다니면서 오래전 제가 교과서에서 배운 것들이 현장에서 살아남을 느꼈습니다. 미처 기억하지 못하는 것들을 되살려내기도 하고, 새로운 사실들을 알아가면서 저 스스로 현장에서의 체험이 얼마나 중요한지 깨달았습니다. 아이를 핑계로, 혹은 글을 쓰기 위해 제가 더 공부를 할 수 있는 귀중한 시간이었지요.

'대관령옛길'은 트레킹을 위한 길이었는데 그 길에서 신사임당을 만났습니다. 신사임당이 이 길을 따라 어린 아들 이율곡의 손을 잡고 한양을 오갔다는데, 저도 아들과 함께 대관령 굽이굽이 고갯길을 걸었지요. 연꽃이 한창 피었을 때 궁남지에 가서는 보고 싶었던 가시연꽃도 보고 이곳이 우리나라 최초의 인공정원이란 것도 알게 됐습니다.

거제도 포로수용소 유적공원에 가서는 이념전쟁의 희생양이 된 많은 사람들 중 한 사람으로 지금은 고인이 되신 아버지를 생각했습니다. 인민군으로 강제 징집된 아버지는 반공포로 석방 때 풀려나 몇 날 며칠을 걸어 충남 서천의 집에 도착했다고 했습니다. 그때 너무 배가 고파 군화 밑창을 뜯어 먹었는데 그것이 마치 마른 오징어 씹는 맛이었다고 했지요. 그래서 지금도 마른 오징어를 씹을 때면 아버지가 뜯었다는 군화 밑창의 그 맛은 어땠을까 생각하곤 한답니다.

아이와 함께 제주올레길을 걷다 중문대포 주상절리대 앞에서 감탄하다 용암이 빨리 식을수록 주상절리 기둥이 가늘어진다는 것도 알았습니다. 김유정문학관이 있는 춘천 실레마을에 가서는 단편 〈봄 • 봄〉에서 딸 점순이 크면 장가들게 해준다며 소설 속 화자 '나'를 머슴으로 부려먹는 봉필영감집도 볼 수 있었지요.

아는 만큼 보는 것이 재밌어집니다. 아이와 함께 간 여행지에서 슬쩍 지나가는 말로 한마디씩 하곤 했는데, 귀담아 듣지 않는 듯해도 아이는 자신만의 기억에 쌓아뒀다 어느 날 슬쩍슬쩍 그것들을 꺼내곤 했습니다. 한 가지 아쉬운 것은 책에서 소개하는 곳 모두를 아이와 함께하지 못했다는 것입니다. 아이가 어느새 고등학생이 되었기 때문입니다. 사실, 청소년 시기로 접어들면 아들과 함께하는 여행이 쉽지만은 않습니다. 초등학교 시절까지가 가장 많이 데리고 다닐 수 있을 때죠. 올해 아들은 고3입니다. 고3 스트레스 때문인지 부쩍 여행을 가고 싶다는 말을 자주 합니다. 일찍 여행의 맛을 안 아이의 미래가 기대됩니다.

이 책에 소개하는 곳은 사회 교과가 주를 이루고 있고 국어와 과학 교과 등과도 관련된 곳들입니다. 현장을 찾아가다 보니 아무래도 우리나라 역사와 관계된 곳들이 좀 많은 편이죠. 아이 혼자도 읽을 수 있도록 비교적 쉽게 풀어쓰고, 플러스 팁 등을 통해 해설을 달았습니다. 아이와 여행을 떠나면 당장 학교 성적과 직결되지 않아도 교과와 연계돼 있으니 자연스럽게 놀면서 공부할 수 있습니다. 무엇보다 부모와 함께 떠난 여행은 일생을 살아가면서 아이에게 큰 자산이 될 것입니다. 뿐만 아니라 부모 입장에서는 옛날 교과서에서 배웠던 것들을 다시 한 번 공부하는 즐거움도 생깁니다.

흔히 추억이 많은 사람이 행복한 사람이라고 합니다. 청소년 시기로 접어들면 아이와 함께하는 여행이 쉽지만은 않습니다. 아직 자녀와 손잡고 떠날 수 있을 때 떠나 보세요. 아이에게 주는 큰 추억 선물이 될 것입니다.

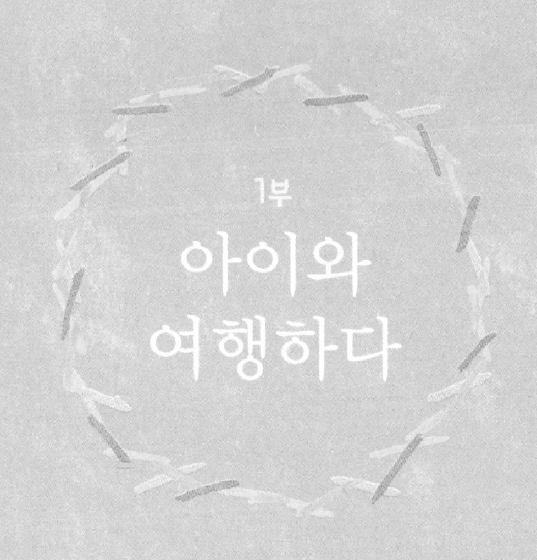

1부

아이와 여행하다

01

제주 제주올레

놀면서 쉬면서 걷는 길,
우리나라 걷는 길의 대명사

제주올레*는 우리나라의 걷기의 대명사 길입니다. 처음 제주올레가 만들어진 것은 2007년 9월, 제1코스인 말미오름에서 섭지코지 코스를 개장하면서부터입니다. 이후 지난 2013년 11월 제 21코스인 하도-종달올레를 개장함으로써 만 5년 만에 총 길이 425km에 이르는 길을 만들어냈습니다. 총 21코스이지만, 중간에 우도를 도는 1-1, 엉또폭포를 갈 수 있는 7-1, 가파도를 도는 10-1, 제주오설록 녹차밭을 지나는 14-1 등 4개의 코스가 더 있답니다. 한 코스의 길이는 보통 15~20km로 짧게는 4~5시간, 길게는 7~8시간씩 걸리지요.

올레길은 파란색과 주황색 화살표를 따라 걷는다. 올레길은 들판을 따라 걷기도 하고, 마을 골목을 따라 걷기도 하며, 바다를 따라 걷기도 한다.

제주올레는 아이와 함께 걷기 좋다. 올레 7코스는 외돌개에서 월평포구까지 총 15km. 소요시간은 5시간 정도 걸린다. 약간 난이도가 있는 코스지만 아름다운 해안길이어서 대표적인 올레 코스로 꼽힌다.

제주올레는 바다색 같은 파란색 화살표를 따라 걷습니다. 제주감귤을 뜻하는 주황색 화살표도 나란히 그려놓고 있지요. 길을 잃지 않도록 길바닥, 담벼락에 화살표를 그려놓고, 나뭇가지에 두 가지 색깔의 리본을 매달아 놓았지요. 화살표를 따라 아름다운 제주의 풍광을 그대로 바라보고 온몸으로 느끼면서 걷는 길이 바로 제주올레길. 바닷가를 걷다 오름을 오르기도 하고, 마을길을 걷다 노란 귤밭 사이를 걷기도 하지요. 뿐인가요? 드넓은 초원이 펼쳐진 목장을 따라 걷기도 하고, 뚝뚝 떨어지는 동백꽃잎을 밟으며 걷기도 하지요. 그래서 길을 걷다 그냥 멈추는 일이 참 많답니다. 올레는 바로 그렇게 '놀멍 쉬멍놀면서 쉬면서' 걷는 길이기 때문이지요.

어떻게 이렇게 멋진 길이 만들어졌을까요? 이 길을 처음 생각한 사람은 서명숙 제주올레 이사장입니다. 오랫동안 기자 생활을 했던 서 이사장은 어느 날 직장을 그만 두고 산티아고 길로 여행을 떠났습니다. 산티아고 길은 1993년 유네스코 세계문화유산으로 지정된 기독교 순례길로서, 스페인과 프랑스 접경에 있으며 총 길이 800km에 이릅니다. 목적지는 예수님의 12제자였던 성 야곱야고보의 무덤이 있는 스페인의 북서쪽 도시 산티아고 데 콤포스텔라Santiago de Compostela. 산티아고Santiago는 야고보의 스페인식 발음이랍니다.

산티아고 길이 더욱 유명해진 것은 세계적인 소설가 파울로 코엘료가 이 길을 다녀온 후 발표한 소설 《순례자》가 세계적인 베스트셀러가 되면서부터랍니다. 그리고 지금은 순례자뿐만 아니라 걷기 여행자들이 모이는 성지가 됐지요.

서명숙 이사장은 산티아고 길을 걷고 와서 고향인 제주도로 내려가 산티아고처럼 아름다운 제주도에 걷는 길을 만들고 싶었습니다. 그래서 뜻을 같이하는 사람들을 만나 '제주올레'를 만들었지요.

길을 만들었다고 해서 도로를 새로 만들었다고 하면 큰 오산이에요. 이미 있던 길들을 걷기 좋은 길로 코스를 만든 것이지요. 가급적 팍팍한 아스팔트길이 아닌 흙길을 중심으로 멋진 제주 풍광을 즐기면서 걸을 수 있도록 했는데, 그래도 중간 중간에 아스팔트길을 걷지 않을 수는 없답니다. 부득이 끊어지고 망가진 길들은 제주올레 사람들과 자원봉사자들이 직접 길을 만들기도 했지요. 그 땀과 정성들이 이어져 바로 지금의 아름다운 제주올레길이 만들어진 것입니다.

제주도 서귀포시 중동로 74 2층 T. 064-762-2190

+ 플러스 팁

올레 '올레'는 제주도 사투리로 길에서 집까지 이어지는 작은 골목길을 말해요. 뜻을 알고 나니 제주올레가 어떤 길인지 바로 느낌이 오지 않나요? 제주올레의 상징은 '간세'입니다. 간세는 제주도 조랑말에 '느릿느릿한 게으름뱅이'라는 뜻인 제주어 간세다리에서 따온 것입니다. 뭐든 빨리빨리 하라는 주변의 성화에서 잠시 벗어나 오래 길을 걷다 보면 마음의 소리가 들린답니다. 많은 사람들이 바로 그 마음의 소리를 듣기 위해 길을 걷는 것이지요.

제주올레 홈페이지 http://www.jejuolle.org 에서 제주올레에 대한 다양한 정보를 얻을 수 있어요. 각 코스별 안내는 물론 소요시간, 난이도 등에 대해 자세히 알 수 있답니다. 아이와 함께 걸을 때는 난이도가 낮고 시간이 많이 걸리지 않는 코스가 적당하답니다.

02

강릉 대관령옛길

대굴대굴 구르며 지나는 대굴령,
신사임당이 울고 넘던 고개

옛날 아이들도 요즘 아이들처럼 엄마아빠 손잡고 여행을 했을까요? 아마도 교통수단이 발달되지 않아 지금처럼 이곳저곳 둘러보러 다니기는 힘들었을 거예요. 그래도 특별한 일이 있을 때는 여행을 떠나야 했겠죠.

오늘은 조선시대 대학자인 율곡 이이 선생이 어머니 신사임당 손을 잡고 넘었다는 대관령옛길을 가볼게요. 신사임당은 5만 원 권 지폐, 이이 선생은 5천 원 권 지폐의 주인공 주인공이랍니다. 아름다운 대자연을 온몸을 느끼면서 어린 이이 선생이 어머니와 함께 이 길을 걸을 때 어떤 기분이었을까 상상해 보도록 해요.

율곡 이이는 어머니 신사임당의 친정인 강원도 강릉의 **오죽헌***에서 태어났어요. 그곳에서 6세 때까지 자라다 이후 경기도 파주 본가에 와서 살았답니다. 5세 때 어머니가 병으로 누웠을 때 외할아버지 위패를 모신 사당에 들어가 매일 기도를 할 정도로 이이 선생은 효심이 극진했다고 알려졌죠.

강릉에서 서울로 오려면 대관령을 넘어야 했어요. 대관령은 진부령, 미시령, 한계령 등과 함께 태백산맥을 넘는 고개예요. 지금은 산을 넘는 도로도 있고, 그 아래 터널도 생겨 쉽게 이 길을 갈 수 있지만 옛날 사람들은 굽이굽이 산길을 오르락내리락하면서 걸어야 했답니다. 이곳 사람들은 대관령을 '대굴령'이라고 불렀다고 해요. 고개가 너무 험해 내려올 때 대굴대굴 구르는 고개라는 뜻이었다고 해요. 강릉시 성산면에는 대굴령마을도 있는데 이 마을 뒤에는 대관령이 병풍처럼 둘러치고 있어요. 대관령이라는 이름은 대굴령을 한자로 적은 것이라고 해요.

대관령옛길은 또 '아흔아홉 굽이'라고도 해요. 옛날에 한양으로 과거시험을 보러가던 선비들이 곶감 100개를 챙겨 떠나 힘들 때마다 한 개씩을 빼먹었는데 대관령을 넘고 보니 곶감이 딱 한 개가 남았다는 데서 유래된 이야기랍니다. 이름에서도 굽이굽이 험난한 산길이 연상되죠?

옛날 사람들은 이 길을 통해 대관령 동쪽 즉, 영동지방과 대관령 서쪽인 영서 지방에서 생산되는 토산품들을 오일장이 설 때마다 내다팔았고, 한양으로 과거시험을 보러 갈 때도 이 길로 갔답니다. 옛날이야기에 나오는 것처럼 괴나리봇짐을 매고 짚신을 신고 이 구불구불 산길을 넘은 거죠. 옛날에는 여우나 늑대 같은 산짐승도 많았을 텐데 어떻게 그 길을 다녔을까 싶어요.

옛 대관령휴게소 앞에 있는 대관령옛길을 알리는 표석.
이곳부터 아래로 내려가는 길이 훨씬 수월하다.

이 오래된 길들은 대관령옛길이란 이름으로, 그리고 강릉의 바우길 2코스로 개발되어 지금은 많은 사람들이 즐겨 찾는 트레킹 코스가 되었답니다. 옛날 대관령휴게소에서 내려가는 코스와 대관령박물관이나 가마골에서 올라가는 코스가 있는데 내려가는 코스가 1시간 50분, 올라가는 코스가 2시간 20분 정도 걸려요. 내려가는 코스가 아무래도 수월하답니다.

옛날 대관령휴게소에는 '대관령옛길반정'이라고 쓰인 커다란 표석이 있는데 여기서부터 내려가거나 대관령박물관에서 올라오면 돼요. 여기에서는 멀리 강릉 시내가 훤히 내려다보이는데 그 끄트머리에는 경포 바다와 하늘이 경계를 가르고 있답니다. 이곳은 '울고 넘는 고개'라는 별명도 갖고 있어요.

옛날 한양에서 영동지방으로 발령받아 오면서 이 고개에 이르러 멀리 바다가 보이면 세상 끝에 다다랐다 해서 눈물을 흘리고, 다시 한양으로 갈 때는 강릉에서 정들었던 것을 생각하며 울었다고 해서 생긴 이름이랍니다. 이곳에서 신사임당도 눈물을 훔쳤어요.

외로이 서울 길로 가는 이 마음/돌아보니 북촌은 아득도 한데
흰 구름만 저문 산을 날아 내리네

대관령옛길에 있는 신사임당의 시비 '대관령을 넘으며 친정을 바라보며'에 적혀 있는 시예요. 늙으신 어머니를 두고 서울로 가야 하는 딸의 마음을 표현한 시랍니다.

대관령 옛길 깊은 산속에는 아름드리 큰 나무들이 가득해요. 봄부터 가을까지 야생화가 지천이고, 궁궐을 지을 때 사용한다는 금강소나무 숲이 빽빽하게 펼쳐진답니다. 눈 온 풍경은 또 얼마나 아름다운지 몰라요. 산길인 만큼 서너 명이 서면 딱일 만큼 좁아요. 옛날에는 한 사람만 겨우 다닐 수 있을 정도로 더 좁았는데 조선 중종 때 강원도 관찰사였던 고형산이란 사람이 넓힌 것이랍니다.

강원도 강릉시 성산면 대관령옛길

+ 함께 가볼 만한 곳

오죽헌

강원도 강릉시 율곡로 3139길 24 T. 033-660-3301~8

입장료 어른 3,000원 청소년 2,000원 어린이 1,000원

강원도 강릉시 죽헌동에 있는 건축물로 우리나라에서 가장 오래된 집 중 하나예요. 조선시대 학자 율곡 이이 선생과 어머니 신사임당이 태어난 집으로, 이이 선생이 태어난 방은 몽룡실이라고 해요. 이곳에는 이이 선생과 신사임당의 유품 등이 전시되고 있어요. 오죽헌이라는 이름은 뒤뜰에 검은 대나무인 오죽이 자라고 있어서 붙여졌어요. 오죽헌 앞에는 우리나라에서 가장 오래된 매화나무 중 하나가 자라고 있는데, 이이 선생과 신사임당이 아꼈다는 율곡매랍니다

선교장

강원도 강릉시 운정길 63 T. 033-646-3270

관람료 성인 5,000원 청소년 3,000원 어린이 2,000원

옛날 부잣집을 99칸 기와집이라고 했는데 조선시대 때 지어진 99칸 전통가옥입니다. 300여 년간 원형이 잘 보존돼 국가 지정 중요 민속자료 제5호로 지정됐어요. 지금도 후손들이 살고 있는데 한옥스테이를 운영하면서 전통음식 문화체험, 민속놀이 체험, 예절체험 등을 진행하고 있답니다.

참소리축음기 • 에디슨과학박물관

강원도 강릉시 저동 35-1 T. 033-655-1130~2

관람료 성인 7,000원 청소년 6,000원 어린이 5,000원

손성목 참소리박물관장이 60여 개국을 다니며 수집한 축음기, 전축, 라디오, TV, 에디슨 발명품 등 5000여 점이 전시된 박물관입니다. 이곳을 만든 손 관장은 6살 때 아버지에게 축음기(콜롬비아G241호)를 받고 축음기에서 흘러나오는 소리에 매료돼 한평생 축음기를 수집했다고 합니다. 특히 2층에 있는 음악감상실에서 축음기 소리부터 현대의 CD, DVD까지의 소리 역사를 듣고 음악을 듣는 것은 다양한 전시품과 함께 이곳에서만 즐길 수 있는 소리체험이랍니다.

방문한 아이들이 원하면 손성목 참소리박물관장은 언제든 함께 사진을 찍는다.

03

안동 하회마을

다양한 유산 간직한 문화재 마을

2010년 **유네스코***에서 선정한 한국의 역사마을이 있습니다. 안동 하회마을과 경주 양동마을이 바로 그곳이죠. 오늘은 안동 하회마을에 가서 유네스코가 우리나라의 대표적인 역사마을로 꼽은 그 이유가 뭘까 궁금증을 풀어보겠습니다.

먼저 하회마을에 있는 문화유산은 하회탈 및 병신탈, 징비록 등 두 점의 국보와 양진당 등 보물, 사적, 중요민속자료 등 19점이 있습니다. 한 마을이 세계문화유산으로 지정되고, 마을 안에 귀중한 것들이 이렇게 많다는 것은 정말 신기하죠? 그런데 하회마을을 둘러보다 보면 이 비밀이 저절로 풀

하회마을에 있는 충효당(위)과 600년 이상 됐다는 마을 안에 있는 성황당 나무,
겨울을 나기 위해 쌓아놓은 장작들(아래).

린답니다.

옛날 우리나라 사람들은 혈연중심사회로 같은 성씨끼리 모여 마을을 이루고 살았습니다. 그러나 현대사회로 접어들면서 그런 마을의 모습은 찾아보기 힘들게 됐죠. 하회마을은 1600년대부터 풍산류씨들이 모여 살기 시작해 지금까지도 그 본래의 모습을 그대로 유지하고 있는 곳입니다. 풍산류씨 가문은 많은 인재를 남겼는데 역사에 잘 알려진 인물이 조선시대 대표적인 학자인 겸암 류운룡과 서애 류성룡 형제입니다. 특히 임진왜란 때 영의정을 지낸 서애 류성룡 선생은《징비록국보 제132호》을 지어 임진왜란이 왜 일어나고 어떻게 전쟁을 치렀는지 기록으로 남겼습니다.

이 마을에 들어서서 가장 눈에 띄는 기와집은 양진당보물 제306호인데, 바로 풍산류씨의 가장 큰 종가집입니다. 이 집이 처음 지어진 것이 고려시대인 13세기 때라고 합니다. 그러나 임진왜란 때 집 일부가 소실돼 17세기에 손질했는데 그러느라 이 집은 고려시대와 조선시대의 건축양식이 섞여 있답니다. 99칸이었던 집은 지금은 53칸이 남아 있습니다. 종손인 겸암 선생이 이 집에서 살았는데, 이 집 사랑채에 걸려 있는 '입암고택'이라는 나무액자 속 글씨는 한석봉조선시대 추사 김정희와 함께 최고의 서예가이 쓴 글씨라고 합니다. 입암은 류운령과 류성룡의 아버지 류중영의 호입니다.

양진당과 함께 하회마을을 대표하는 집은 충효당보물 제414호입니다. 서애 류성룡 선생을 기리는 집으로 안쪽에 영모각이라는 건물이 있습니다. 그 안에《징비록》등 서애 선생의 저서와 유품 등이 전시되고 있지요. 마당에는 1999년 엘리자베스 여왕이 방문 기념으로 심은 구상나무가 있습니다.

부용대에서 바라본 하회마을 풍경. 강물이 마을을 감싸 안고 도는 것을 볼 수 있다.

하회마을에서 가장 규모가 큰 북촌댁중요민속자료 제84호과 남쪽에 있어 남촌을 대표하는 남촌댁중요민속자료 제90호 역시 류씨 일가가 각각 지은 집들입니다. 양반이 살았던 잘 지어진 기와집들 주변에는 소작농과 노비들이 살았던 초가집들이 오랜 세월이 지나 서로 멋스럽게 조화를 이루고 있습니다. 집은 총 127개인데 이중 12개가 보물 및 민속자료로 지정됐고, 지금도 사람들이 살고 있습니다.

하회마을에는 '하회탈국보 제121호'과 '하회별신굿탈놀이중요무형문화재 제69호'가 있습니다. 하회탈은 우리나라의 가장 오래된 탈로서 각시, 중, 양반, 선비, 초랭이, 이매, 부네, 할미 등 9개의 탈이 전해집니다. 우리나라 탈들은 대개 종이나 바가지로 만들어져 오래 보존된 경우가 별로 없는데 이것들은 오리나

무로 만들고 두세 겹 옻칠을 한 데다 따로 건물을 지어 보관을 함으로써 잘 보존될 수 있었다고 해요.

이 탈을 쓰고 놀이를 하고 춤을 추는 것이 바로 하회별신굿탈놀이입니다. 이 탈춤 역시 우리나라 탈춤 중에 가장 오래된 것이라고 합니다. 광대탈을 쓰고 양반탈을 쓴 사람에게 양반이 평소 잘못한 것들을 말할 수도 있었는데, 일종의 소통의 통로가 되기도 했습니다. 하회마을 입구에는 하회탈박물관이 있어 보다 자세한 것을 알 수 있습니다.

서민들이 탈을 쓰고 놀이를 즐겼다면 양반들은 하회선유줄불놀이를 즐겼답니다. 매년 음력 7월 16일 밤, 부용대에서 아래 강변까지 이어지는 줄불놀이는 선비들이 시를 지으면서 매우 품격 있는 불꽃놀이였죠.

부용대는 마을 앞 강가에 있는 절벽입니다. 이곳에 올라가면 하회마을을 한눈에 내려다볼 수 있고 낙동강이 S자 모양으로 길게 마을을 감싸 안고 도는 것을 볼 수 있습니다. 하회河回, 강이 마을을 돌다라는 마을 이름은 바로 여기에서 유래됐죠.

부용대에서 내려오는 길에는 유성룡 선생이 살면서 징비록을 쓴 옥연정사, 겸암 류운룡이 학문을 연구하던 겸암정사 등을 둘러볼 수 있습니다. 그리고 가까운 곳에 류성룡 형제의 정신이 깃든 화천서원, 병산서원이 있습니다.

경북 안동시 풍천면 종가길 40 T. 054-853-0109 http://www.hahoe.or.kr

+ 플러스 팁

유네스코 유네스코(UNESCO)는 국제연합 교육, 과학, 문화 기구예요. 세계유산이란 세계유산협약이 규정한 탁월한 보편적 가치를 지닌 유산을 말하는데, 그 특성에 따라 자연유산, 문화유산, 복합유산으로 분류됩니다. 세계유산협약에 가입한 각국 정부가 유네스코 세계유산센터에 잠정목록 등재 신청서를 제출하면 전문가들이 현지 조사를 하는 등 단계별 심의를 거쳐 통상 매년 7월 세계유산위원회에서 결정합니다.

+ 함께 가볼 만한 곳

경주 양동마을

경주시 강동면 양동마을길 134 T. 070-7098-3569
http://yangdong.invil.org/index.html 입장료 4,000원

안동 하회마을과 함께 유네스코 세계문화유산으로 지정된 마을이에요. 경주 손씨와 여강 이씨 종가가 500여 년 동안 전통을 잇는 마을로서, 조선시대 가옥 150여 채가 잘 보존되어 있어요. 전통 민속마을 중 가장 규모가 크답니다. 특히 지대가 높은 곳에는 옛 양반집인 기와가, 지대가 낮은 곳에는 옛 하인들의 주택인 초가가 있는 것이 특징입니다.

04

순천 낙안읍성

마을 전체가 살아있는 민속촌

옛날 사람들이 살던 마을은 어떻게 이루어졌을까? 그 모습을 가장 잘 보존하고 있는 곳 중 하나가 전라남도 순천시 낙안면 남대리에 있는 낙안읍성입니다. 읍성은 마을 전체를 둘러싸는 성을 말하는데, 외적의 침입으로부터 마을을 보호하기 위해 쌓은 것이지요. 산에 쌓은 성을 산성이라고 하는데 북한산성, 남한산성 등이 대표적입니다.

마을 전체를 빙 둘러 성을 쌓다 보니 낙안읍성 안에는 일반인들이 사는 민가는 물론 관리들이 일을 보던 관아와 객사 등이 있습니다. 현재 낙안읍성 마을에는 94개의 관아와 218개의 민가가 있습니다. 물론 민가에는 120

낙안읍성 안에 들어가면 마치 타임머신을 타고 옛날로 돌아간 듯 다른 세상이 펼쳐진다.

세대 약 300여 명이 조상 대대로 물려받은 집에서 살고 있답니다. 살아있는 민속촌인 셈이죠.

낙안읍성의 역사는 600년 전인 1397년으로 거슬러 올라가요. 처음에는 잦은 왜구의 침입을 막기 위해 절제사 김빈길 장군이 흙으로 성을 쌓기 시작했다고 합니다. 그러다 시간이 흐르면서 흙담이 허물어지자 1424년 흙 대신 돌로 성을 쌓았죠. 그러면서 처음보다 더 넓게 쌓았는데, 그때의 그 모습이 지금까지 그대로랍니다. 조선시대 쌓은 읍성으로서는 가장 완전히 보존된 것들 중 하나라고 해요. 이때 석축을 쌓은 사람이 임경업 군수인데, 마을에는 그를 기리는 비각이 세워져 있답니다.

낙안읍성은 사람들이 살고 있는 곳이긴 하지만 관광지인 만큼 입장료를 내고 들어가야 해요. 어른들은 2,000원이지만 어린이들은 1,000원이랍니다. 이렇게 받은 입장료는 낙안읍성을 보호하고 유지하는 일에 쓰인답니다. 일단 성 안으로 들어가면 성 밖과는 전혀 다른 세계가 펼쳐집니다. 흙길, 올망

졸망한 작은 초가집들, 양반이 살았음직한 기와집들. 마치 타임머신을 타고 조선시대로 날아간 듯한 느낌이 들지요.

마을 전체를 둘러보려면 일단 성곽 위로 올라가 보는 게 가장 좋답니다. 그럼 마을 전체가 한눈에 들어오는데 그야말로 아름다운 풍경이 펼쳐지지요. 600년 전에 만들어진 성곽길은 약 4km미터. 천천히 한 바퀴 돌고 마을로 내려와 골목길을 따라 집들을 구경하다 보면 마당에는 빨래를 널어놓은 집도 있고, 고추를 말리는 집도 볼 수 있어요. 집 앞에 있는 작은 텃밭에서는 야채들이 싱싱하게 자라고 있답니다. 모두 사람이 살고 있다는 증거죠. 물론 맛있는 엿을 파는 가게도 있고, 푸짐한 안주를 곁들여 술을 파는 주막집도 있답니다.

그러다 기와집도 몇 채 보이는데 가장 눈에 띄는 건물 중 하나가 동헌東軒입니다. 이곳에 들어가면 방망이를 든 사또와 형틀에서 곤장을 맞고 있는 죄수 등의 마네킹이 있습니다. 어떤 곳인지 금세 알 수 있지요? 바로 옛날 수령이 살면서 업무를 보던 곳이랍니다.

바로 옆에 있는 낙민관은 낙안읍성에 가면 꼭 들러봐야 할 곳이에요. 낙안읍성에 관한 자료들이 다 모여 있는 곳이거든요. 옛날 이곳의 역사와 이곳 출신 인물들, 사람들이 쓰던 농기구와 생활용품 들은 물론, 옛날 사람들이 이곳에서 어떻게 살았는지 자세히 구현해 놓고 있지요. 또 마을 곳곳에는 짚풀공예, 목공예, 소달구지 타기, 전통혼례와 다도, 천연염색 등 다양한 체험장이 있어요. 아이들 체험학습을 하기에 좋죠.

특히 매년 정월대보름에 열리는 정월대보름축제, 5월에 열리는 낙안민속

문화축제, 10월에 열리는 남도음식문화큰잔치 등 이곳에서 열리는 대표적인 축제 때는 이곳에 굉장히 많은 사람들이 모인답니다. 축제기간에는 임경업 군수 추모제, 낙안 출신 가야금 병창 명인 오태석 기념 전국가야금병창경연대회, 두레놀이, 줄다리기 등 다양한 볼거리가 펼쳐지기 때문이죠. 특히 음식축제 때는 전국의 대표적인 음식들이 만들어지고 음식경연대회가 펼쳐지는데 맛난 음식들을 다 먹어볼 수 없는 게 안타까울 지경이랍니다.

이런 것들을 하루에 다 해볼 수 있을까 걱정되죠? 마을에는 30여 개의 민박집이 있답니다. 초가집 뜨끈한 온돌방에서 하룻밤 자고 이튿날 또 이곳을 둘러보면 돼요. 가까운 곳에 아름다운 사찰 **송광사***, 세계 최대의 연안습지 순천만자연생태공원 등이 있어 같이 들러보면 좋아요.

전남 순천시 낙안면 충민길 30 T. 061-749-8831 http://nagan.suncheon.go.kr/nagan/
입장료 어른 2,000원 어린이 1,000원

+ 주변 가볼 만한 곳

송광사

전남 순천시 송광면 송광사안길 100 T. 061-755-0107~9
http://www.songgwangsa.org/

낙안읍성에서 자동차로 30여 분 거리에 있는 송광사는 양산 통도사, 합천 해인사와 함께 삼보 사찰로서 우리나라 중요한 사찰 중 한 곳이에요. 일반인에게는 법정 스님이 거처하던 곳으로 유명한 곳이기도 하죠. 법정 스님은 송광사 뒷산에 불일암이라는 작은 암자를 짓고 그곳에서 무소유의 삶을 사셨죠. 불일암에는 법정 스님의 흔적이 그대로 있는데, 특히 법정 스님이 직접 만든 작은 의자가 눈길을 끈답니다. 일명 '빠삐용 의자'로 불리는 이 의자는 법정 스님의 무소유 삶을 그대로 상징하는 것이기도 해요. 법정 스님은 빠삐용이 절해고도에 갇힌 건 인생을 낭비한 죄였고, 스님은 이 의자에 앉아 당신도 인생을 낭비하고 있지는 않는지 생각해 본다고 하셨답니다.

사진 제공 김종길

05

전주 한옥마을

일본인에게 집터를 빼앗기고
항일 정신으로 지은 한옥마을

우리나라에서 가장 많은 한옥이 있는 곳은 전주 한옥마을입니다. 전주 한옥마을에는 700여 채의 집이 있는데 이중 543채가 한옥입니다. 한옥은 우리나라의 전통 가옥 형식이죠. 여름엔 시원하고 겨울엔 따뜻한 한옥은 나무와 흙 등으로 집을 지은 친환경 집이기도 합니다. 좋은 집임에도 불구하고 많은 사람이 도시에 모여 사는 현대 사회에서는 한옥에서 살기가 쉽지 않습니다. 그럼에도 불구하고 전주 한옥마을이나 서울 북촌 등에는 오랫동안 한옥을 가꾸고 지키며 사는 사람들이 있습니다.

한옥마을이라고 하면 아주 옛날부터 지어져 사람들이 살았을 것이라고 생각하기 쉽지만, 전주 한옥마을의 역사는 사실 그리 오래 되지 않았습니다. 뿐만 아니라 전주 한옥마을의 역사는 일제 침략과 밀접한 관계가 있습니다. 1905년 우리나라가 일본의 식민지가 된 을사조약이 체결된 후 일본인들은 우리나라에 많이 들어와 살았습니다. 전주도 예외가 아니었지요. 특히 전주는 주변에 곡창지대가 많은 풍요로운 땅으로 일찍이 후백제를 세운 견훤이 백제의 마지막 수도로 삼은 곳입니다. 음식과 예술 문화가 많이 발달한 도시가 바로 전주입니다.

조선시대 전주에는 동서남북 4개의 성이 있었고, 각각 동쪽에는 공북문, 서쪽에는 패서문, 남쪽에는 풍남문, 북쪽에는 공북문이 있었지요. 옛날에는 성 안에 사는 사람들과 성 밖에 사는 사람들의 신분 차이가 있었습니다. 따라서 성은 곧 신분과 계급의 차이를 나타내는 상징물인 셈이었지요. 일본인들은 처음 전주에 들어와 성 밖인 전주천변에 주로 살았답니다.

일본인들은 3개의 성문을 모두 부수고 현재의 풍남문만 남겨뒀어요. 그러면서 일본은 전주라는 도시를 다시 계획했어요. 그러자 성 밖에 살던 일본인들이 자연스럽게 성 안에 들어와 일본식 집을 짓고 살게 됐죠. 주로 장사를 하던 일본인들은 어느새 전주의 상권을 하나씩 하나씩 잡아나갔어요. 그러고는 1945년 해방될 때까지 전주의 상권을 완전히 장악했었답니다.

일본인들에게 나라를 빼앗기고 집터를 빼앗긴 사람들의 억울함은 이루 말할 수 없었겠죠? 그 마음들을 모아 사람들은 교동, 풍남동 일대에 한옥을 짓기 시작했습니다. 1930년대였죠. 그렇게 짓기 시작해 마을을 이룬 것이 바로 지금의 전주 한옥마을입니다. 일종의 항일의 의미가 담겨 있는 셈이죠.

지금은 유명 관광지가 된 전주 한옥마을. 일본인들에게 집을 빼앗긴 사람들이 항일 의미로 집을 짓기 시작하면서 만들어졌다.

이성계가 승전고를 올린 오목대(위)와 한옥마을 풍경(아래).

전주 한옥마을 주변에는 일본이 유일하게 철거하지 않은 풍남문이 남아 있고, 일본식 가옥들이 제법 남아 있어요. 1908년에 지어진 전동성당도 있는데 이 성당은 호남지방에서는 가장 오래되고 큰 서양식 근대 건축물이랍니다. 그래서 이 일대는 조선시대 풍남문, **전주객사***, 근대식 한옥과 일본식 가옥, 서양식 성당, 그리고 현대식 가옥과 상가 건물들이 어우러져 살아있는 근현대 건축박물관이기도 하답니다.

이 모습을 한눈에 볼 수 있는 곳이 있으니 바로 한옥마을 옆 오목대입니다. 오목대는 조선을 세운 태조 이성계가 아직 고려의 장군이던 시절, 전북 남원에서 왜구를 물리치고 승전 축하 잔치를 벌인 곳입니다. 이곳에 올라서면 아름다운 한옥마을을 중심으로 모두 한눈에 볼 수 있거든요.

아, 집만 구경하는 것은 재미없다고요? 전주 한옥마을에 가면 한지 만들기, 부채 만들기, 전통 막걸리 만들기, 다도 배우기 등 얼마나 많은 체험거리가 있는지 몰라요. 한옥에서 한번 자 보고 싶다고요? 물론 정갈한 한옥에서 숙박도 가능하답니다. 먹고 싶은 것도 많다고요? 전주는 우리나라에서 최고의 맛을 자랑하는 곳입니다. 전주 비빔밥, 콩나물국밥, 한정식 등 어딜 가든 맛있는 집이 즐비하답니다.

전북 전주시 완산구 풍남동3가 64-1 T. 063-222-1000

+ 플러스 팁

전주객사 객사란 고려시대와 조선시대 때 각 고을에 뒀던 관사를 말해요. 관사 중앙에 임금을 상징하는 전패 혹은 궐패를 모시고 매월 초하루와 보름, 그리고 나라에 큰일이 있을 때 대궐을 바라보며 절을 하는 장소였어요. 그리고 중앙에서 내려온 관리나 외국에서 온 사신들의 숙소로도 사용됐죠. 일제 강점기 때 일본이 조선시대 관청을 없애는 바람에 많은 객사가 없어졌어요. 전주객사(보물 제583호)를 비롯해 문이 국보 51호로 지정된 강릉객사와 통영객사, 여수객사 등이 현재 남아 있어요.

전주객사(좌)와 국보로 지정된 강릉객사문.

06

서울 남산골 한옥마을

한옥마을의 설날은
언제나 시끌벅적

우리 민족의 최대 명절은 **설*** 이랍니다. 설날에는 차례상에 올릴 음식을 준비하느라 주방에서는 맛있는 냄새가 진동하고 친척들이 모이죠.

설에 가면 더 좋은 곳 중 한 곳이 서울 남산골한옥마을이에요. 설 연휴 기간 동안 다양한 설 잔치가 열리거든요. 타악기와 농악 연주를 비롯해 북청사자놀음, 판소리 공연 등을 볼 수 있을 뿐만 아니라 설날 당일에는 떡국도 무료로 먹을 수 있어요. 그 외 떡메치기, 복주머니 만들기, 강정 만들기, 부적 찍기 등 설과 관련된 체험도 할 수 있답니다.

남산골한옥마을이라는 큰 대문을 들어서면 왼편으로 올라가면 한옥들이

남산골 한옥마을 풍경. 아래 대문이 높은 집이 도편수 이승업 가옥이다.

들어서 있어요. 한옥들 앞에 전통공예관이 있는데 이곳에서는 옛날 양반들이 생활에 사용했던 물건들을 전시하고 있답니다. 청자, 백자, 분청사기 등의 도자공예를 비롯해 금속공예, 목칠공예, 복식공예, 지공예 등의 작품들을 한자리에서 볼 수 있어요.

이곳은 한옥마을치고는 한옥이 그리 많지는 않아요. 서울 북촌 한옥마을이나 전주 한옥마을처럼 한옥이 즐비하고, 사람들이 직접 살고 있는 것과는 대조를 이루죠. 이곳에 있는 한옥은 모두 5채밖에 되지 않아요. 삼청동 오위장 김춘영 가옥, 관훈동 민씨 가옥, 삼각동 도편수 이승엽 가옥, 제기동 윤택영 재실, 옥인동에 있던 윤씨 가옥 등이랍니다. 이 집들 중 윤씨 가옥을 제외한 나머지 집들은 본래 있던 곳에서 해체해 그대로 이곳에 다시 지은 집들로서, 모두 서울시 민속자료로 지정된 것들이에요.

옥인동 윤씨 가옥은 다른 집들처럼 옥인동에 있던 한옥을 그대로 옮겨 지으려 했는데 자재들이 너무 낡아 새것으로 그대로 다시 지었답니다. 조선의 마지막 왕인 순종의 황후 순정효황후의 큰아버지 윤덕영의 집으로 1910년대에 지어졌던 집이라고 해요.

이곳에 있는 기와집들은 옛날 흔히 말하는 '으리으리한 기와집'들이랍니다. 드라마나 영화에서 보면 대문 밖에서 누군가가 "이리 오너라!"하고 크게 소리치면 하인들이 쪼르륵 달려가 문을 열 것만 같은 곳들이죠. 실제 이 집에 살던 사람들은 모두 당대 최고층 사람들이었어요.

윤씨 가옥 말고도 제기동에 있었다던 윤택영 재실 역시 조선 제27대 왕이었던 순종의 장인 해풍부원군 윤택영이 그의 딸이 궁에 들어갈 때 지은 집이었고, 관훈동 민씨 가옥은 조선시대 최고의 갑부였던 민영휘의 집 일부랍니다. 삼청동에 있었다는 오위장 김춘영 가옥도 예사롭지 않은 집이죠. 오위장이라고 하면 조선시대 중앙군인 오위의 군사를 거느리던 장수를 말하거든요.

삼각동 도편수 이승업 가옥은 대문이 높이 솟은 게 역시 보통 집이 아니라는 걸 알게 해주죠. 도편수라고 하면 목수 중 최고 높은 자리에 있는 사람이거든요. 특히 이승업은 조선 말기에 경복궁을 중건할 때 목수들을 총지휘하는 도편수를 맡았던 사람이랍니다. 당대 최고의 목수였던 것이죠. 그래서 이곳에 있는 집들은 당시 조선시대 최고층의 집들이 어떤지 잘 보여준다고 해요.

왜 이곳에 이런 집들을 옮겨서 일부러 한옥마을을 만들었을까 조금 궁금하죠? 이 터는 오랫동안 서울시를 지키는 수도방위사령부가 있던 곳이었어요. 일반인들은 쉽게 접근할 수 없는 군사지역이었죠. 그 이전의 남산은 그야말로 경치 좋고, 물 맑은 곳이었답니다. 그래서 서울시민들이 여름철이면 피서를 오는 곳이었죠.

서울을 상징하는 남산의 본래 이름은 인경산이었어요. 그런데 조선을 세운 태조 이성계가 서울로 도읍지로 결정하고 개성에서 옮겨온 후 경복궁에서 바라봤을 때 남쪽에 있는 산이라 해서 남산이라고 부르기 시작했답니다. 남산은 특히 신성한 산으로 여겨 이곳에 나라의 평안을 비는 제사를 지내는 신당을 세우고 목멱대왕 산신을 모셨답니다. 그래서 남산은 목멱산이라

천년타입캡슐광장. 우리의 후손들은 2394년 11월 29일 개봉되는 타임캡슐을 통해 1994년 당대 서울의 모습을 알 수 있게 된다.

고도 불렸답니다.

1989년 서울시에서는 '남산 제모습찾기 사업'을 시작했어요. 1998년 4월 그 사업의 한 가지로 옛날 사람들이 물 좋고 경치 좋은 이곳에서 노닐었던 그 모습을 살려 한옥 외에도 청류정, 관어정 등의 정자와 연못, 아름다운 정원, 산책로 등을 조성하고 남산한옥마을을 개관했답니다.

한옥마을 위쪽으로 올라가면 서울천년타임캡슐광장이 있어요. 서울 정도 600년을 기념해 1994년 11월 29에 만든 것인데, 당시 서울의 모습을 대표하는 문물 600점을 넣고 400년 후에 개봉하기로 했어요. 2394년 11월 29일. 그 날 우리의 후손들은 우리가 지금 남산골한옥마을에서 옛날 사람들의 생활모습을 구경하듯 타임캡슐을 통해 우리의 생활을 배울 거예요.

서울시 중구 퇴계로 34길 28 T. 02-2261-0511 http://www.hanokmaeul.or.kr/
입장료 무료

+ 플러스 팁

설 음력 1월 1일, 새해 첫날을 설이라고 해요. 설에 대한 기록은 《삼국유사》《삼국사기》에도 나온답니다. 새해 첫날에는 조상들에게 차례를 지내고, 어른들에게는 세배를 해요. 세배를 받은 어른들은 덕담이라고 해서 좋은 말을 해주죠. 일제강점기 때 양력 1월 1일을 신정, 진짜 설날은 음력설이라 하고 신정설을 지내도록 했답니다. 해방 후에도 나라에서는 오랫동안 신정을 지내도록 장려했어요. 그러나 많은 사람들은 오랫동안 지내온 음력 1월 1일을 설날로 지냈어요. 1986년 당시 통계에 의하면 한국인의 83.5%가 음력설을 지내고 있다고 나왔어요. 그래서 1989년부터 음력설을 설날로 정하고, 설날을 포함 전후 3일을 공휴일로 정해 설날이 제자리를 찾았답니다.

07

성남 모란장

훈훈한 인심 나누는 전통 오일장

지금처럼 큰 시장이 없던 옛날에는 오일장에서 물건을 사고팔았지요. 오일장은 5일마다 장이 서는 것을 말해요. 옛날에는 지금처럼 시장이나 마트처럼 늘 물건을 살 수 있는 곳이 거의 없었기 때문에 오일장을 꼭 보곤 했지요.

대부분 장에 나오는 사람들은 농사지은 쌀이나 콩 등을 갖고 나와 팔고, 옷이나 신발 등을 사가곤 했어요. 서로 필요한 물건들을 맞바꾸는 물물교환을 했던 곳도 바로 오일장이었답니다. 특히 명절 때나 제사, 혼례 같은 행사를 치를 때는 장을 들러 미리 필요한 물건을 장만해두곤 했었지요.

여러 장을 돌아다니면서 물건을 파는 전문적인 장사꾼도 있었는데 이들을 장돌뱅이라고 불렀어요. 각 지역의 특색을 살린 장도 있었는데 약재를 파는 대구 약령시장, 함평 한우시장, 담양 죽물시장, 한산 모시장 등이 대표적인 경우랍니다.

대형시장과 대형마트가 생긴 요즘은 오일장이 많이 사라졌답니다. 그래도 아직 오일장이 서는 곳이 각 지방마다 있는데 대표적인 곳들로는 강원도 정선오일장, 전남 함평일오장, 제주 향토오일장, 경기도 용인오일장, 강원도 동해 북평오일장 등이에요. 오늘 찾아갈 곳은 우리나라에서 가장 크게 장이 선다는 경기도 성남 모란장입니다. 지하철 분당선을 타고 모란역 5번 출구로 나오면 바로 모란장으로 연결돼요.

모란장은 매 4일과 9일에 서요. 즉 매달 4, 9, 14, 19, 24, 29일에 장이 서는 거죠. 서울과 가깝고 가장 큰 시장이어서 모란장에는 언제나 사람들이 붐빈답니다. 특히 주말과 겹치는 장날이 되면 하루 수만 명이 다녀간다고 하니 사람에 치일 정도죠.

대형마트도 많고, 다른 재래시장도 많은데 많은 사람들이 여길 찾는 이유는 뭘까요. 그 궁금증은 모란장을 한번 가보면 금세 풀린답니다. 모란장에는 없는 거 빼고는 다 있다고 말할 정도로 정말 다양한 게 많아요. 이곳에서 장사를 하는 사람들 수만 정식으로 등록된 사람이 1000여 명, 노점상이 500여 명 정도로 모두 1500명 정도라고 하니 이들이 내놓고 파는 물건은 얼마나 많은지 짐작이 되죠?

장에 들어서면 우리가 마트에서 봤던 것과는 달리 모든 물건들이 풍성하게 펼쳐져 있답니다. 입구부터 꽃과 야생화, 나무들이 가득한데 조금만 들어

모란장에서는 없는 것 빼고는 다 있다고 할 정도로 많은 것들이 팔리고 있다.
특히 장날 서는 먹거리장터의 칼국수는 맛 좋기로 유명하다.

가면 각종 나물과 야채가, 이어서 쌀을 비롯한 각종 잡곡과 인삼, 지네 같은 각종 약재와 생선 등이 즐비하죠. 물론 옷과 신발도 팔고 생전 처음 보는 신기한 장난감들도 있어요. 값도 싸고, 인심도 좋아 구경삼아 나온 사람들도 어느새 검정 비닐봉투를 몇 개씩 들고 있게 마련이랍니다.

이것저것 구경하다 쭉 내려가다 보면 먹거리 장터가 나오는데 이곳의 별미는 칼국수예요. 집집마다 반죽한 밀가루를 직접 밀대로 밀어 칼국수를 만드는데 그 맛이 아주 좋답니다. 칼국수뿐만 아니라 호박죽, 팥죽, 만두, 순대, 수수부꾸미, 옥수수, 옛날 과자 등 먹거리가 아주 풍성하죠.

조금만 옆으로 가면 어린이들이 아주 좋아하는 강아지, 고양이 등을 파는 곳이 나와요. 이곳에서는 애완견뿐만 아니라 특수견도 판매되고 있답니다. 또 병아리, 토끼, 염소, 오리, 거위 등과 앵무새 같은 새도 살 수 있어요.

모란장은 다른 농촌지역의 오일장처럼 그 역사가 오래 되지 않았어요. 지금처럼 경기도 성남시에는 많은 사람이 살지 않았거든요. 1962년쯤부터 농촌과 서울에서 사람들이 살 곳을 찾아 때마침 개간된 이곳으로 많이 모여들자 자연적으로 장이 서기 시작한 거죠. 어쩌면 가장 늦게 생긴 오일장인지도 몰라요.

지금 장이 서는 자리로 옮겨진 것은 1990년 9월. 장이 서는 날이 아니면 이곳은 공영주차장으로 활용되고 있답니다. 따라서 장이 서지 않는 날 모란장에 가서 모란장을 찾으면 찾을 수가 없는 거죠. 장이 서는 시간은 오전 9시부터 오후 7시까지. 마트처럼 밤늦게 가면 역시 장이 끝나 버린다는 걸 잊지 마세요.

오일장이 서는 바로 그 옆에는 모란상설시장과 개고기를 파는 곳, 기름 짜는 집, 방앗간, 정육점 등이 많이 있어 늘 사람들이 붐빈답니다.

경기도 성남시 중원구 성남동 4190 T. 031-721-9905 http://www.moranjang.org/

+ 플러스 팁

오일장 오일장이 생긴 것은 조선시대인 17세기 후반부터라고 해요. 자연스럽게 생긴 것으로 추정하는데 《산림경제》《증보문헌비고》 같은 옛날 책에 보면 처음 장이 들어선 것은 15세기 말부터인데 처음에는 열흘에 한 번씩 서는 열흘장이었답니다. 그러던 것이 점차 장이 활성화돼 오일장으로 바뀌어 정착됐는데 그만큼 물건이 다양해지고 거래하는 사람이 늘어났기 때문이랍니다. 장터는 물건을 사고파는 것뿐만 아니라, 서로 정보를 교환하는 장소이기도 했어요. 지금과 같은 통신수단이 다양하지 않았기 때문이죠. 뿐만 아니라 남사당패, 마당극 등의 공연도 열리는 공연장이었답니다.

08

제주 중문대포해안 주상절리대

화산폭발이 만들어낸 아름다운 절벽

제주도는 볼거리가 정말 많은 곳이에요. 한겨울이 되어도 기온이 영하권으로 떨어지는 날이 거의 없이 따뜻한 제주도는 섬 전체가 관광지라고 할 만큼 육지에서 가면 낯선 것들도 많고, 관광지도 많답니다. 그래서 제주도에 여행을 가면 며칠씩 묵어도 보고 경험할 수 있는 것은 아주 일부에 지나지 않게 되죠.

제주도는 세계적으로도 그 가치를 인정받는 곳이에요. 한라산, 성산일출봉, 거문오름과 거문오름용암동굴계는 2007년 6월 '제주화산섬과 용암동굴'이라는 이름으로 세계자연유산으로 등재되었고, 2010년에는 세계지질공

해안을 따라 3.5km에 걸쳐 있는 중문대포 해안 주상절리대는
높이 30~40m, 폭 약 1km로 최대 규모다.

원으로 인증, 그리고 이미 2002년에는 생물권보전지역으로 지정된 곳이거든요. 그러니 제주도에 도착하면 대체 어딜 먼저 가야 할지 난감할 정도죠.

오늘은 볼 것 많은 제주도에서 꼭 봐야 할 곳 중 하나인 서귀포시에 있는 주상절리대를 가볼까 해요. 이곳의 정식명칭은 중문과 대포 해안에 걸쳐 있어 '중문대포 해안 주상절리대'라고 한답니다. 옛 이름인 지삿개를 따 '중문대포 지삿개바위'라고도 해요.

제주도에는 이곳 말고도 안덕계곡, 천제연폭포, 산방산 등에서도 주상절리를 볼 수 있어요. 이곳은 해안을 따라 약 3.5km에 걸쳐 길게 나타나고, 높이 30~40m, 폭 약 1km 정도로 최대 규모랍니다.

서귀포 중문관광단지에서 국제컨벤션센터 옆으로 가면 주상절리대 입구가 나와요. 제주올레 7코스 길이기도 한 이곳에서 입장권을 구매해 목책로를 따라 해안가로 조금 내려가면 깎아지른 기둥 모양으로 펼쳐진 주상절리대의 모습을 볼 수 있어요. 마치 커다란 기둥들을 촘촘하게 세워놓은 것 같은 모양이랍니다.

주상절리 기둥은 위에서 바라보면 육각형 모습을 가장 많이 하고 있는데 사각형이거나 오각형, 육각형, 칠각형 등으로 나타나는 것도 있답니다. 바다와 가까운 곳의 모양은 그 형태가 뚜렷한 반면 육지와 가까운 곳으로 올라가면서부터 조금씩 형태가 사라져 사진에서 보듯 울퉁불퉁 바위모양이에요.

주상절리대를 보면 감탄사가 절로 터진답니다. 혹시 일일이 손으로 만들어 조각 기둥을 세운 건 아닐까 할 정도로 그 모양이 신기하거든요. 자연의 위대함을 느끼는 순간이죠.

주상절리의 사전적 뜻은 '마그마가 냉각 응고함에 따라 부피가 수축하여 생기는 다각형 기둥 모양의 금'입니다. 즉 화산이 폭발할 때 분출되는 마그마가 아주 급속하게 식으면서 만들어진 돌기둥이 주상절리죠. 화산이 폭발하고, 용암이 분출하고, 이 용암이 급속히 식으면서 부피가 줄어 수직으로 쪼개지면서 오각형이나 육각형 형태의 기둥 모양이 만들어진다는 것입니다. 주상절리가 만들어지는 온도는 무려 900°C. 용암이 빨리 식을수록 주상절리 기둥이 가늘어진다고 해요.

주상절리가 이렇게 만들어진다는 것을 확인한 것은 18세기 중반이었어요. 그 이전까지는 주상절리 기둥과 현무암이 원시 바다 속에서 침전으로 만들어진 것으로 생각했거든요. 그러나 분화구에서 흘러나온 용암이 주상절리와 연결된 것이 관찰되었고, 이를 통해 지구 내부에서 높은 온도의 물질 즉, 마그마가 흘러나와 주상절리가 만들어졌다는 것을 알게 됐죠. 이를 통해 지구과학의 역사가 다시 쓰이게 되었답니다.

제주도는 화산섬이에요. 200만 년 전 신생대 때의 화산활동에 의해 만들어진 섬이죠. 제주도의 한라산 정상에 있는 백록담은 화구, 즉 용암이 분출했던 곳이랍니다. 제주도의 아름답고 이국적 풍경은 바로 이 화산활동으로 인해 만들어진 것들이 많답니다. 주상절리도 바로 화산활동으로 만들어진 것이고, 기생화산인 **오름***도 그렇고, 바다에 우뚝 서 있는 바위들도 그렇죠. 무엇보다 숭숭 구멍이 뚫린 제주도의 돌 현무암도 바로 화산활동을 통해 만들어진 것이랍니다. 이처럼 다양한 화산지형과 지질자원을 갖고 있어 이곳 중문대포주상절리대를 비롯해 한라산, 성산일출봉, 만장굴, 용머리해안, 수

월봉, 천지연폭포, 서귀포패류화석층 등과 함께 유네스코에서 세계지질공원으로 인증한 것이랍니다.

우리나라의 주상절리대는 제주 외에도 포항 달전리 주상절리, 광주 무등산 주상절리, 경남 양남 주상절리군, 울산 강동화암주상절리 등이 있습니다.

제주특별자치도 서귀포시 중문동 2767 T. 064-760-6351
입장료 일반 2,000원/어린이와 청소년 1,000원

+ 플러스 팁

오름 오름은 기생화산을 말해요. 현재 제주도에 있는 오름은 약 360여 개에 이를 정도로 오름의 천국이라고 할 수 있죠. 제주도에 이처럼 오름이 많은 것은 제주도가 한 번의 화산폭발로 만들어진 것이 아니라 오랜 시간 동안 많은 화산폭발이 일어났던 것을 말한답니다. 바다의 흙을 삽으로 떠서 제주를 만들었다는 설문대 할망 전설에 따르면 치맛자락에서 떨어진 흙이 모여서 오름이 만들어졌다고 해요.

09

강릉 경포대와 경포호

거울처럼 맑은 호수 경포호,
2000년 전엔 밭이었다

강릉 경포대와 경포호는 국가지정문화재인 명승 제108호로 지정된 곳입니다. 우리나라 대표적인 해수욕장 중 하나인 경포해변은 바로 경포대 옆에 있지요. 흔히 '경포대 해수욕장'이라고 말하지만 이는 잘못된 표현입니다. 경포대는 경포해변 가는 길목에 경포호를 마주보며 언덕에 서 있는 정자예요. 해마다 많은 사람들이 경포해변을 찾지만 정작 경포대에 올라 아름다운 풍경을 감상하는 사람들은 드물죠.

가사문학의 대표작가인 조선시대 정철이 〈관동별곡〉에서도 노래한 경포대는 **관동팔경*** 중 한 곳입니다. 경포대에 올라가면 바로 아래 경포호가 펼쳐지고, 그 너머로 동해바다가 한눈에 들어옵니다. 신선이 와서 놀았다는 전설을 갖고 있을 만큼 경포대에서 바라보는 풍경은 아름답습니다. 옛날 강릉 사람들은 경포대에서 바라볼 수 있는 풍경 여덟 개를 꼽아 경포팔경이라고 했습니다. 해돋이와 해넘이, 달맞이, 한밤에 바다에 떠 있는 고기잡이 배, 경포호 옆에 있는 초당마을의 저녁연기와 노송 숲의 마을 강문동 등이 그 팔경입니다. 관동팔경에 이어 경포팔경이 나온 것이죠.

이 풍경이 얼마나 아름다운지 조선시대 태조와 세조도 경포대에서 바라본 풍경이 최고라고 말했다고 합니다. 이곳에서 가까운 오죽헌에서 태어나고 자란 이이도 경포대에 올라 그 아름다움에 반해 열 살 때 '경포대부'라는 시를 지었는데, 그 시는 지금도 경포대 안에 걸려 있답니다. 뿐만 아니라 이곳에는 조선 19대 왕 숙종의 시 등도 걸려 있습니다.

경포대 바로 아래 펼쳐지는 경포호는 호수면이 거울처럼 맑다고 해서 경호라고도 불렀어요. 옛 시인들은 술잔을 나누며 하늘에 달이 뜨면 동해바다, 경포호수, 그리고 술잔에 달이 떠서 경포호에는 4개의 달이 뜬다고 노래했지요.

경포호수에서 나는 조개는 '적곡'이라고 하는데, 이에 따른 전설이 아주 재미있습니다. 이곳은 원래 큰 부자가 살던 곳이었다고 합니다. 어느 날 스님이 시주를 하러 왔는데 부자는 쌀을 주기 아까워 그만 똥을 퍼줬습니다. 그러자 부자가 살던 땅은 갑자기 호수로 변했고, 부잣집 창고에 쌓였던 곡식들은 모두 조개로 변했버렸답니다.

땅이었던 곳이 호수로 변했다는 전설은 실제 과학자들에 의해서도 밝혀

경포대는 정자 이름. 이곳에서 바라보는 경치가 아름다워 옛날에 신선이 와서 놀았다고 전해진다.

경포대에서 바라본 경포호수 전경. 호수면이 거울처럼 맑다고 해서 경호라고도 불렸다.

졌습니다. 과학자들은 이곳 경포호가 빙하기 유산으로서 무려 5000년 전에 만들어졌고, 경포호 퇴적층을 조사해 본 결과 2000년 전에 기장, 조, 옥수수, 쑥 같은 것들이 자란 흔적을 발견했답니다.

경포호는 옛날에는 둘레가 12km나 될 정도로 큰 호수였으나 사람들이 농사를 짓는 등 생활터전으로 이용하면서 4km 정도로 줄어들었습니다. 강릉시는 경포호 원래의 모습을 찾기 위해 농사짓던 땅을 다시 습지로 만드는 작업을 2009년부터 시작해 2013년에 마무리했습니다. 그러자 1970년대 이후 사라졌던 가시연꽃이 다시 피어나기 시작했고, 수달과 삵 같은 멸종위기 동물들이 돌아왔습니다. 생태계가 다시 살아난 것이죠.

경포호 주변은 생태공원으로 조성돼 있고, 호수 전체를 돌 수 있도록 산책로도 만들어져 있습니다. 경포호 옆으로 조선시대 최고의 여류시인 허난설헌과《홍길동전》을 지은 허균의 생가가 있어 들러볼 수 있고, 가까운 곳에 소리박물관인 참소리축음기박물관 · 에디슨박물관, 조선시대 전통 99칸 양반가옥인 선교장, 율곡 이이가 태어난 오죽헌 등이 있습니다. 경포호 주변이 모두 교과서 여행지인 셈이죠.

강원도 강릉시 경포로 365

+ 플러스 팁

관동팔경 관동팔경은 대관령을 중심으로 동쪽, 즉 관동지방에 있는 아름다운 곳 여덟 곳을 말하는데 경포대를 비롯해 삼척 죽서루, 양양 낙산사, 고성 청간정, 울진 망양정 · 월송정, 지금은 북한 땅에 속한 고성 삼일포와 통천 총석정을 말합니다. 정철은 강원도 관찰사로 부임해 이곳들을 두루 관람하고 노래한 〈관동별곡〉을 지었는데 이것은 조선시대 가사문학의 대표작으로 꼽힙니다.

10

부여 궁남지

백제의 단아한 멋 품은
우리나라 최초 인공연못

우리나라 최초의 인공 연못은 충남 부여에 있는 궁남지입니다. 부여는 제26대 성왕 16년에 웅진충남 공주에서 옮겨온 이래 제31대 의자왕 20년 신라에 점령되기까지 마지막 수도였던 곳으로서 화려한 문화를 꽃피웠던 곳이지요.

궁남지는 신라시대 때 만들어진 경주 **안압지***를 비롯해 이후 우리나라 정원 문화에 영향을 미친 곳이에요. 또《일본서기》에 궁남지의 조경 기술이 일본으로 전해져 일본 조경 문화의 시초가 되었다고 전해지는 만큼 역사적으로 매우 중요한 곳이랍니다.

궁남지가 만들어진 것은 무왕 35년인 634년이에요. 이렇듯 정확하게 알

궁남지 가운데 있는 단아한 모습으로 떠 있는 정자 포룡정.

수 있는 것은《삼국사기》에 그 기록이 나와 있기 때문이에요.

우리나라에서 전해지는 가장 오래된 역사서《삼국사기》에 따르면 '삼월 연못을 궁궐 남쪽에 파고, 물을 20여 리로부터 끌어들이고 연못 사방에 버들을 심고 물 가운데 방장선산을 모방하여 섬을 만들었다'라고 기록되어 있답니다. 방장선산이란 도교에서 말하는 신선이 산다는 곳이에요.

《삼국사기》에는 무왕이 궁남지에서 배를 띄우고 놀았다는 기록도 있어요. 연못이 얼마나 크면 배를 타고 놀 정도였을까 궁금해지죠?

지금의 궁남지는 1만3000평 규모예요. 그런데 이렇게 정비하기 전 이곳은 수만 평이 넘는 늪지대였다고 해요. 지금의 모습으로 만들어진 것은 1965년부터 1967년까지 있었던 정비 사업을 통해서였어요.

1990년대 들어 여러 차례에 걸쳐 궁남지 발굴 조사를 했어요. 그 결과 주변에서 집수장 시설물, 수로 시설, 건물 터 등이 발견되고, 다양한 생활용구도 출토되었답니다. 지금도 궁남지에 대한 조사는 계속 진행 중이에요.

궁남지란 이름은 '궁의 남쪽에 있는 연못'이란 뜻이에요. 학자들은 왕이 풍류를 즐기기 위한 곳일 뿐만 아니라 평소에는 농업을 위한 관개수로 역할을 하면서 전쟁이 나면 성을 지키기 위한 곳이었을 것으로 추측해요.

궁남지는 최근 연꽃으로 더욱 유명한 곳이 되었어요. 해마다 여름이면 이곳에서 연꽃축제가 열리는데 특히 2015년에는 부여의 유적지가 세계문화유산으로 지정된 직후여서 100만 인파가 몰릴 정도로 대성황을 이루었답니다.

백제 시대 때도 이곳에 연이 심어졌는지는 알 수 없어요. 그러나 궁남지 주변 늪지에 맨 처음 연을 심은 사람이 있어요. 지금은 퇴직한 충남 부여군

궁남지에는 11만6000여 평의 연밭에 50여 종의 연꽃이 자라고 있다.
잎이 넓은 가시연(좌)과 빅토리아연(우).

의 공무원이었던 이계영 씨랍니다. 그가 2001년 6월 홍수련 300촉을 심기 시작한 것이 지금의 궁남지를 연꽃 세상으로 만든 것이거든요.

현재 궁남지에는 11만6000여 평의 연밭이 펼쳐져 있어요. 지금 이곳에서 피는 연꽃은 무려 1000만 송이. 홍련과 백련을 비롯해 황금련, 수련 등 50여 종에 달해요. 19세기 초 영국의 식물학자가 발견하고 빅토리아 여왕을 기념해 학명을 만든 것으로 일명 '여왕꽃'이라 불리는 빅토리아연꽃도 이곳에 있어요. 빅토리아연꽃은 1년 중 2박 3일만 핀다는데, 꽃이 피는 8월 말부터 10월 초까지 그 꽃을 보러 일부러 찾는 사람도 적잖답니다.

넓은 연못에 덩그러니 떠 있는 작은 섬과 포룡정의 소박하고 단아한 모습을 통해 백제 문화를 몸으로 느낄 수 있는 궁남지. 크고 작은 연못들 사이 두렁길을 따라 거닐면서 저마다 다른 연과 연꽃, 연밥, 연잎 등을 관찰하다 보면 또 다른 여행의 맛을 즐길 수 있답니다.

충남 부여군 부여읍 사비로 33

+ 플러스 팁

무왕 궁남지에는 무왕의 전설도 전해지고 있어요. 궁남지 주변에 혼자 사는 여인이 용의 정기를 받아 아들을 낳았는데 그가 바로 무왕이라는 것이죠. 궁남지에 있는 정자 포룡정은 용을 품었다는 뜻이 있어요. 무왕은 백제의 30대 왕으로서 그의 아들이 백제의 마지막 왕 의자왕입니다. 무왕은 41년간 왕위에 있으면서 왕권 강화 정책으로 정치를 안정시키고 신라를 침입해 영토를 확장하는 등 백제 부흥의 많은 업적을 남겼어요. 그러나 말년에는 궁남지를 비롯해 좋은 곳을 찾아다니며 잔치를 벌이는 등 백제가 멸망하는 원인을 만들기도 했다고 해요. '서동요'의 주인공으로도 알려졌어요. 궁남지 주변이 서동공원으로 불리는 이유랍니다.

+ 함께 가볼 만한 곳

안압지 흔히 안압지, 임해전이라고 불렸는데 정식 명칭은 경주 동궁과 월지입니다. 동궁은 신라 왕궁의 별궁이며 월지는 '달이 비치는 연못'이란 의미예요. 안압지라는 이름은 이곳이 폐허가 됐을 때 기러기와 오리들이 많아 불린 이름이라고 해요. 신라 문무왕 14년(674년)에 궁 안에 큰 연못을 파고 3개의 섬과 12봉우리의 산을 만들어 화초를 심고 진기한 새와 짐승을 길렀는데, 고려 태조 왕건을 위하여 임해전에 잔치를 베풀었다는 기록도 전해집니다. 특히 야경이 멋있어요.

11

포천 국립수목원

수백 년 보존된 보물숲,
백두산 호랑이도 볼 수 있는 곳

경기도 포천에 있는 국립수목원은 우리나라에서 가장 관리가 잘되고 있는 가장 크고 아름다운 숲입니다. 이곳은 1000ha가 넘는 무지무지 넓은 땅에 자연 그대로의 숲은 물론 전문전시원, 산림박물관, 산림생물표본관, 산림동물원, 난대온실, 열대식물자원연구센터 등 숲과 자연을 연구하는 기관들이 있는 곳이랍니다. 얼마나 넓은지 이곳을 꼼꼼히 다 둘러보려면 사실 하루로는 턱없이 부족하지요.

잘 보존된 자연숲을 따라 만들어진 산책로를 걷다 보면 일일이 이름을 말할 수 없는 수많은 나무와 꽃들이 이름표를 달고 서 있어요. 숲에서 생명을

수목원 풍경(위)과 정희왕후가 세조의 명복을 빌었다는 봉선사 풍경(아래).

갖고 살아가는 모든 종, 즉 산림생물종이 우리나라에서 가장 많은 곳이 바로 국립수목원이랍니다. 2011년 12월 말 현재 확보한 식물과 곤충 표본이 무려 67만 점이라고 하니 너무 어마어마해 감이 잘 잡히지 않지요? 이중에는 새롭게 발굴한 것들도 했는데 그 종수도 무려 282종이나 된다고 해요.

이렇게 다양하고 많은 생물종이 살아 있어 이곳은 2010년에는 유네스코 생물권 보전지역으로도 지정됐어요. 숲에 관해서 뭔가 알고 싶다 하면 바로 이곳으로 가면 모든 것을 해결할 수 있답니다. 숲을 안내하는 해설사도 있고, 박물관과 표본관도 있으니까 말이에요.

그리고 이곳에는 백두산호랑이를 비롯해 반달가슴곰, 늑대, 독수리, 수리부엉이 등도 볼 수 있어요. 동물원이 있거든요. 다만 동물원은 겨울에는 개방하지 않으니 백두산호랑이를 보고 싶으면 11월 15일 이전에 가야 해요.

이곳은 국립수목원이란 이름을 갖기 전에는 '광릉수목원'으로 불렸어요. 국립수목원 주소지를 보면 '경기도 포천시 소흘읍 광릉수목원로'로 되어 있어요. 광릉은 조선시대 7대왕 **세조***의 왕릉입니다. 수목원 바로 옆에 광릉이 있답니다.

국립수목원도 바로 세조의 작품입니다. 세조는 1468년 자신의 능을 직접 골랐고, 이후에는 이 터를 비롯한 주변에서 풀 한 포기도 뽑지 못하게 했답니다. 세조 사후에도 조정에서는 광릉을 비롯한 그 주변 숲지금의 국립수목원 숲을 직접 관리했다고 해요. 이후 일제강점기인 1913년에 임업시험림으로 지정돼 산림생물을 연구하고 보존하는 역할을 하며 지금에 이르렀고요.

수백 년 동안 이렇게 잘 보존된 보물숲이 일반인에게 공개된 것은 1987

년. 수목원을 만들고 이후에는 삼림욕장, 산림동물원 등을 차례로 만들어 누구나 들어가 삼림욕도 즐기고, 잘 보존된 숲 생태를 볼 수 있었지요. 그러나 수백 년 동안 나라에서 관리한 이곳에 사람들의 발길이 잦아지면서 숲은 그 본래의 모습을 잃기 시작했어요. 결국 10년 만인 1997년 숲을 살리기 위해 삼림욕장을 폐쇄하기에 이르렀고, 입장권만 끊으면 들어갈 수 있었던 이곳을 이제는 미리 인터넷으로 예약하지 않으면 갈 수 없게 되었답니다.

국립수목원을 들어갈 수 있는 날은 화요일부터 금요일까지는 하루 5000명, 토요일에는 3000명만 들어갈 수 있답니다. 일요일은 아예 문을 열지 않고요. 그렇지만 꼭 한 번은 가봐야 할 곳이 바로 국립수목원이랍니다. 국립수목원 가는 길에는 아주 커다란 나무들이 길가에 즐비해 그 숲의 위용을 느낄 수 있답니다.

수목원에 가는 날엔 세조의 능 광릉과 봉선사도 한 번 가 보세요. 광릉은 평지보다 약간 높은 언덕에 있는데 세조릉을 돌고 옆으로 가면 그의 부인 정희왕후릉이 있답니다. 봉선사는 정희왕후가 세조가 죽은 후 이 절에서 명복을 빌었다는 절이에요. 특히 입구에 있는 넓은 연꽃공원이 근사해 사람들이 즐겨 찾는 곳이랍니다.

경기도 포천시 소흘읍 광릉수목원로 415 T. 031-540-2000
입장료 어른 1,000원 청소년 700원 어린이 500원(인터넷으로만 예약신청 가능)
http://www.forest.go.kr/newkfsweb/kfs/idx/SubIndex.do?orgId=kna&mn=KFS_15

+ 플러스 팁

세조 세종대왕의 둘째아들로 태어나 형인 문종이 죽은 후 어린 조카가 왕(단종)이 되자 단종을 제거하고 왕위에 올랐습니다. 이 사건이 계유정란입니다. 동생(안평대군)에게까지 독약을 내려 죽게 했죠. 왕이 되어서는 강력한 왕권정치를 펼치면서 왕권을 유지했답니다.

12

순천 순천만 자연생태공원

세계 5대 연안습지로 꼽힌
갈대밭과 갯벌

사계절 다 볼 것도 많고 풍경도 좋지만 가을에 가면 더욱 좋은 곳 중 하나가 순천만 자연생태공원이랍니다. 전라남도 순천시에 있는 순천만 자연생태공원이 가을에 더욱 아름다운 이유는 바로 끝이 보이지 않는 갈대밭 때문이에요. 빽빽한 갈대숲은 무려 160만 평에 이르는데 우리나라에서 가장 큰 규모랍니다. 갈대꽃이 피어날 무렵의 풍경은 그야말로 장관이죠. 매년 가을이면 갈대축제가 열리곤 한답니다. 순천만 자연생태공원은 여기에 690만 평의 갯벌까지 포함한 것이에요. 순천만의 아름다운 풍경은 2008년 국가지정문화재 명승 제41호로 지정되기도 했어요. 여기에 2013 순천만국제정원박

순천만갈대축제 때 모습(위)과
순천만을 찾은 흑두루미와 저어새(아래).

사진제공 순천만 습지

람회 이후 새롭게 문을 연 순천만정원과 함께 순천만을 여행하는 일은 최고의 생태체험 코스로 꼽히고 있답니다.

순천만자연생태공원은 2006년 **람사르협약***에 등록된 습지보존지역이에요. 아마존하구, 미국 동부 조지아해안, 북해연안, 캐나다 동부해안 등과 함께 세계 5대 연안습지 중 한 곳이랍니다. 생태계의 보물창고와 같은 곳이죠. 순천만에 찾아드는 철새는 230여 종이나 되는데, 우리나라 새 중 절반 정도가 된답니다. 특히 흑두루미, 검은머리갈매기, 혹부리오리, 민물도요 등 11종의 철새들은 멸종위기에 처해 국제적으로도 보호되고 있는 조류예요. 특히 흑두루미는 세계적으로 생존 개체수가 약 1만 마리 정도밖에 안 되는데 매년 100마리 이상이 이곳으로 찾아와 겨울을 난다고 해요. 전 세계 습지 중에서도 희귀 조류가 가장 많은 습지라고 하니, 희귀종 철새를 보려면 겨울에 꼭 한 번 찾아가볼 만한 곳이죠.

순천만에 이처럼 희귀종 철새가 찾아오는 가장 큰 이유는 영양분이 많은 먹이가 드넓은 뻘에 널려 있기 때문이죠. 우리나라에서 가장 질이 좋은 습지라는 평가를 받고 있는 곳이거든요. 이처럼 먹이가 많은 것은 겨울바람을 막아주는 빽빽한 갈대숲과 무리지어 자라는 칠면초와 나문재, 갯능쟁이 등이 물고기와 물속 생물들의 편안한 보금자리가 역할을 하기 때문이랍니다.

순천만자연생태공원 입구에는 자연생태관이 있어요. 2층 전시실에 들어가면 갯벌은 어떻게 생겨났고 순천만 갯벌은 어떤 특징을 갖고 있는지, 그리고 갯벌에 살고 있는 생물들은 어떤 것들인지 갯벌탐험을 할 수 있어요. 또 순천만에 찾아드는 철새를 비롯한 조류들을 꼼꼼하게 살펴볼 수 있답니다. 또 특이한 모양의 새 둥지와 알 들이 전시돼 있어 호기심을 자극하죠.

공원 안으로 들어가면 자연의소리 체험관이 있어요. 철새소리, 갈대소리, 시냇물소리 등 순천만에서 나는 자연의 소리를 들을 수 있답니다. 국내 유일의 자연소리 체험관이라고 해요. 갈대숲 사이로 난 데크를 따라 순천만을 구경해도 좋고, 용산전망대에 올라 순천만을 한눈에 내려다봐도 좋아요. 순천만의 자연을 보다 가까이에서 느끼고 싶다면 선상투어도 해볼 수 있어요. 갈대숲 사이를 배를 타고 지나면서 철새 등 다양한 생물을 조금 더 가까이에서 볼 수 있답니다.

순천만자연생태공원까지 갔는데 순천만정원을 보지 않고 올 수는 없겠죠? 이곳에는 면적 약 33만 평에 23개국의 82개 정원이 조성되어 있고, 가을에는 코스모스가 만발한답니다. 또 가까이에 순천이 고향인 소설가 김승옥과 동화 작가 정채봉 두 작가를 기리는 순천문학관도 있으므로 함께 들르면 좋아요.

전남 순천시 순천만길 513-25 T. 061-749-6052
입장료 어른 7,000원 청소년 5,000원 어린이 3,000원 (순천만국가정원은 별도, 통합권 발매)
http://www.suncheonbay.go.kr/

+ 플러스 팁

람사르협약 물새서식지로서 중요한 습지보호에 관한 협약을 말해요. 1971년 이란의 람사르에서 채택되어 1975년에 발효돼 람사르협약이라는 이름을 갖게 되었답니다. 정식 이름은 '물새 서식지로서 국제적으로 중요한 습지에 관한 협약'이에요. 람사르협약 습지로 지정되면 일정 수준 이상의 기준을 갖추기 위해 체계적으로 관리를 하기 때문에 습지를 보호할 수 있답니다.
우리나라가 람사르협약에 가입한 것은 1997년 7월 28일. 협약 가입 때 1곳 이상의 습지를 람사르습지 목록에 올려야 하는데 그 첫 번째로 등록된 곳이 강원도 인제 대암산 용늪이었어요. 이후 경남 창녕 우포늪, 전남 신안 장도습지, 순천만, 제주 물영아리오름, 충남 태안 두웅습지, 울산 무제치늪, 무안갯벌, 강화도 매화마름, 오대산국립공원습지, 제주 물장오리 습지, 한라산 1100고지, 고창부안갯벌, 서천갯벌 등이 람사르습지로 지정됐답니다. 2008년 10월에는 경남 창원에서 제10차 람사르 협약 당사국 총회가 열리기도 했어요. 습지를 보호하고 살리는 일은 곧 우리 지구의 생태를 보호하고 살리는 일이랍니다.

제주 물영아리오름 정상 습지(좌)와 우포늪(우).

13

서울 월드컵공원 하늘공원

15년간 쌓인 98m 쓰레기 산,
지금은 활짝 핀 꽃섬

높고 파란 하늘, 춥지도 덥지도 않은 가을에는 어디를 가도 좋지만 이왕이면 자연을 맘껏 느낄 수 있는 곳으로 나가면 더욱 좋답니다. 특히 가을에만 볼 수 있는 곳들이면 더욱 좋겠죠? 서울 난지 하늘공원은 가을에 가면 억새꽃이 장관을 이루고 있답니다. 아이들 키를 훌쩍 넘는 **억새***가 꽃을 한껏 피우고 은빛으로 빛나며 드넓은 공원을 가득 채우고 있거든요. 해마다 이곳에서는 억새축제가 열려요. 평소에는 야생 동식물 보호를 위해 야간 출입이 안 되는데 축제기간에는 밤에도 개장, 색색으로 빛나는 아름다운 하늘공원의 풍경과 서울 야경을 즐길 수 있어요.

아이들 키를 훌쩍 넘는 서울 난지 하늘공원 억새.
가을에 가면 아름답게 피어난 억새꽃을 맘껏 즐길 수 있다.

하늘공원에서 바라본 월드컵 경기장 모습. 멀리 아파트 숲 너머 북한산이 보인다.

하늘과 맞닿을 만큼 높은 곳은 아니지만 주변이 탁 트여 하늘공원에 오르면 한강이 서해로 흘러가는 모습도 볼 수 있고, 그 옆에 임진왜란 때 권율 장군이 부녀자들과 함께 왜적을 물리친 행주산성도 볼 수 있답니다. 뒤돌아서면 멀리 북한산이 서울을 감싸고 있는 모습이 보이죠. 또 눈을 돌리면 남산도 보여요. 곳곳의 높은 건물과 아파트, 한마디로 서울을 한눈에 내려다 볼 수 있답니다.

하늘공원이란 이름을 가진 이 작은 산은 처음부터 산이었던 곳이 아니랍니다. 바로 옆에 같이 높이 솟아 있는 난지도 노을공원도 역시 산이 아니었어요. 이 두 개의 산은 모두 쓰레기로 채워진 산이에요. 1978년부터 1993

년까지 15년 동안 서울에 사는 사람들이 버린 쓰레기를 매립한 곳이었거든요. 생활쓰레기뿐만 아니라 산업폐기물과 건설폐자재 등도 이곳에 갖다 묻었죠. 15년간 쌓은 쓰레기더미의 높이는 95m. 쓰레기매립장의 국제 기준은 45m인데 새로운 쓰레기 매립지건설이 늦어져 자꾸 쌓다 보니 세계에서 가장 높은 쓰레기 동산이 되었답니다. 여기에 쌓인 쓰레기양은 8.5t, 트럭 1300만 대. 감이 잘 안 잡히죠? 지금의 하늘공원과 노을공원의 크기를 보면 조금 감이 잡힐 거예요.

쓰레기로 가득 찼던 이곳은 악취와 먼지가 심했어요. 난지도 주변을 지나가려면 냄새 때문에 코를 막고 지나가야 했죠. 그런데 이곳에서도 사람이 살고 있었답니다. 1990년 당시 이곳에 살고 있던 사람들은 6000여 명. 이들은 판잣집과 움막집에서 생활하면서 쓰레기더미에서 폐품을 수집해서 판매하는 등의 일로 생활했답니다.

김포쓰레기매립장이 생겨 더 이상 쓰레기가 들어오지 않으면서 사람들도 떠나고 이곳은 죽어있는 곳이 되었습니다. 쓰레기들이 썩으면서 발생하는 매탄가스와 침출수는 환경을 오염시켰죠. 더 이상 생물이 살 수 없을 것이라고 생각됐던 이곳에 몇 년 후 풀과 나무가 자라기 시작했습니다. 생태계가 살아나고 있었던 것이죠.

서울시에서는 난지도의 생태계를 살려내기 위한 거대한 공사를 시작했어요. 가스 추출공과 소각시설을 설치함으로써 가스 배출을 막고, 여기에서 배출된 매탄가스를 에너지로 활용해 공원은 물론 주변 지역에까지 천연가스 연료를 공급하기로 했어요. 하늘공원에 있는 커다란 바람개비가 바로 그 역할을 하죠. 그리고 침수벽을 세워 한강으로 빠져나갔던 침출수를 빠져나가지 못하도록 하고 처리장을 설치했어요.

그리고 2002년 제17회 월드컵축구대회를 앞두고 상암동에 월드컵경기장을 건설하면서 일대에 난지천공원, 난지한강공원, 하늘공원, 노을공원, 평화의 공원 등을 만들었어요. 지금은 이곳이 쓰레기매립장이란 것을 기억하는 사람들은 거의 없어요. 이젠 꼭 한 번 가볼 만한 곳으로 1년 내내 사람들이 끊이지 않는 아름다운 곳이 됐으니까요.

아주 옛날 이곳은 난지도란 이름에서 알 수 있듯 난과 영지버섯이 자라던 섬이었다고 해요. 지금은 난꽃과 영지버섯 대신 하늘공원은 억새가 자라는 생태공원숲으로, 노을공원은 캠핑장과 멋진 잔디밭이 깔려 있죠. 훼손되고 파괴된 자연이 복원되는 모습을 직접 볼 수 있는 곳, 억새숲에서 아이들과 숨바꼭질을 할 수 있는 곳, 하늘공원은 가을에 꼭 가봐야 할 곳 중 한 곳이지 않을까요? 그리고 하늘공원까지 갔다면 그 옆 노을공원도 꼭 한 번 올라가 보세요. 색다른 정취를 느낄 수 있으니까요.

서울시 마포구 월드컵로 243-60 T. 02-300-5501 http://worldcuppark.seoul.go.kr/

+ 플러스 팁

억새와 갈대 억새와 갈대는 생김새가 비슷해서 헷갈리는 경우가 많아요. 가장 기억하기 쉬운 것은 억새는 산이나 들에서 자라고, 갈대는 습지나 강가에서 자란다고 기억하면 된답니다. 따라서 하늘공원에 있는 것은 갈대가 아닌 억새죠. 조금 자세히 보면 억새는 줄기 속이 차 있는 것을 볼 수 있어요. 꽃 색깔도 하얀 은빛이고, 키는 1~2m 정도예요. 잎은 길고 좁으며 가운데 흰줄이 있답니다. 이에 반해 갈대는 줄기 속이 비어 있어요. 키도 억새보다 커서 3m 정도 되고, 꽃 색깔도 갈색입니다. 잎은 대나무 잎과 비슷한 것이 넓어요. 순천만에 드넓게 피어난 것이 바로 갈대들입니다.

억새(좌)와 갈대(우).

14

서울 선유도공원

정수장 시설의 변신,
도심 속 신선 놀이터

옛날 신선들이 와서 놀던 곳이라고 하면 얼마나 아름다운 곳일까요? 우리나라에는 신선이 와서 논다는 이름의 '선유도仙遊島'라는 이름을 가진 곳이 두 곳 있어요. 한 곳은 전라북도 군산 인근에 있는 섬 선유도이고, 또 한 곳은 서울 양화대교 옆에 있는 선유도공원이랍니다. 오늘 찾아갈 곳은 서울 선유도공원이에요.

옛날 이곳에는 신선이 노니는 봉우리라는 뜻을 가진 선유봉仙遊峰이 있었다고 해요. 선유봉이 얼마나 아름다웠던지 옛날 중국에서 온 사신들이 이곳에서 놀다갈 정도였다고 해요. 조선시대 화가 **겸재 정선***1676~1759년은 선유봉

의 아름다운 풍경을 작품으로 남기기도 했답니다.

그러나 오늘날 선유도에서는 이 봉우리를 찾아볼 수 없어요. 일제강점기 때 이곳에 있던 바위들로 제방을 쌓는 등 한강 치수사업을 위해 채취했기 때문이죠. 1965년 양화대교가 개통되고, 이후 한강 일대 개발이 이루어지면서 봉우리는 완전히 사라지게 됐어요. 그리고 원래 육지였던 이곳은 섬이 되었고 1978년에는 정수장이 들어섰어요. 선유도는 그렇게 우리 같은 일반인이 들어갈 수도, 또 특별히 들어갈 이유도 없는 곳이 되었죠.

이후 이곳은 다행스럽게도 한 번은 꼭 가봐야 할 서울의 명소가 되었답니다. 정수장이 폐쇄되고 2002년 이곳에 아주 멋진 공원이 만들어졌기 때문이죠. 정수장 시설을 재활용해서 물을 주제로 한 공원으로 다시 태어난 선유도 공원은 수로를 따라 공원 한 바퀴를 돌게 만들었어요.

이곳에서 가장 눈에 띄는 것은 '녹색 기둥의 정원'이랍니다. 너른 마당에 푸른 잎들로 온통 감겨 있는 우뚝 선 기둥들은 설치미술 작품 같기도 해요. 물론 일부러 만든 기둥은 아니랍니다. 정수지였던 이곳의 지붕을 없애 하늘을 탁 트이게 하고, 남겨둔 기둥을 타고 담쟁이넝쿨과 줄사철나무가 올라가게 한 거예요. 이곳은 낮에 봐도 아주 멋지지만 밤이면 조경으로 더욱 멋진 풍경을 만들어내는 곳이랍니다.

그 아래로 내려오면 '시간의 정원'이란 곳이 있어요. 이곳 역시 과거 정수장이었을 때 약품 침전지였던 곳을 재활용한 것이랍니다. 약품 침전지란 물속에 있던 불순물을 약을 써서 가라앉혔던 곳을 말해요. 백리향 같은 방향성 식물이 주를 이루는 방향원, 나팔꽃 줄기가 벽을 타고 오르는 초록벽의 정원, 댓잎이 바람에 흔들리는 소리를 들을 수 있는 소리의 정원, 이끼원, 색채원 등 각각의 주제로 만든 작은 정원이 이어져요.

여름엔 시원하게 아이들이 물놀이를 할 수도 있어요. 환경물놀이터가 바로 그곳이랍니다. 수질정화원에서 깨끗하게 걸러진 물이 흘러내려 오는 이곳에는 모래밭도 있어 여름 같은 시원한 계절에는 아이들이 앉아 모래 놀이를 즐길 수도 있어요. 바로 옆에 있는 나무 평상에 드러누우면 시원한 바람이 얼굴을 스치고 지나가죠. 선유도공원에 있는 놀이터도 다른 곳과 달라요. 데크와 미끄럼틀 등이 모두 정수장 폐자재를 이용해 만든 것이거든요.

선유도공원에는 옛날 선유봉을 생각하게 하는 정자도 있어요. 그곳에서 밤에 바라보는 한강 불빛은 정말 아름다워요. 옛날 신선들은 지금의 야경은 보지 못했을 테니 그야말로 신선이 안 부럽다는 말이 나옴직하죠. 옛날 신선이 놀았다는 선유봉에서 정수장으로, 그리고 오늘의 아름다운 생태 공원으로 만들어진 모습을 보면 미래도 그려볼 수 있답니다.

서울시 영등포구 선유로 343
http://parks.seoul.go.kr/template/default.jsp?park_id=seonyudo

+ 플러스 팁

겸재 정선 조선 후기의 화가이자 문신으로 호가 겸재입니다. 그래서 흔히 '겸재 정선'이라고 부른답니다. 조선시대 화가 중 가장 많은 작품을 남겼으며 산수화의 대가예요. 서울 종로구 청운동에서 태어나 북악산, 인왕산 근처에서 주로 살았던 겸재는 이곳 풍경을 많이 그렸는데 대표적 작품으로는 '금강전도' '인왕제색도' 등이 있어요. 서울 강서구 가양동에 있는 겸재정선미술관(http://www.gjjs.or.kr/)에 가면 정선의 생애와 작품을 좀 더 자세히 볼 수 있어요.

15

용인 한택식물원

멸종 위기 식물 등 9000여 종 보유,
《어린왕자》 바오밥나무 만나다

생텍쥐페리*의 《어린왕자》에는 '성당만큼이나 커서 아마 코끼리 한 무리도 그 나무를 당해 낼 수 없을 것'이라고 하는 나무가 있답니다. 바로 바오밥나무예요. 바오밥나무는 사실 우리나라 어디에서나 볼 수 있는 나무가 아니어서 예전에 《어린왕자》를 읽을 때는 상상 속 나무인 줄 알았답니다. 어른이 되어서야 바오밥나무가 작가가 상상으로 만든 나무가 아니라 아프리카와 호주에서 볼 수 있는 나무라는 걸 알게 됐죠.

경기도 용인시 백암면에 있는 한택식물원 호주온실에 가면 바로 그 바오밥나무가 높은 키를 자랑하며 우뚝 서 있거든요. 높이가 무려 10m, 둘레가

호주온실에 있는 《어린왕자》에 나오는 바오밥나무(위).
어린이정원 입구와 식물원 풍경(아래).

3m가 넘는 바오밥나무를 보면 이 나무가 쑥쑥 자라 어린왕자가 사는 작은 별을 산산조각 내고 말 것이라는 어린왕자의 걱정이 조금은 과장되지 않았을까 하는 생각이 들어요. 하지만 바오밥나무가 더 자라면 지름이 9m, 키가 18m까지 달하다고 하니, 작은 별에서 살던 어린왕자의 걱정이 괜한 걱정이 아니란 걸 알 수 있답니다.

바오밥나무를 만나러 한택식물원에 갔지만, 한택식물원은 바오밥나무뿐만 아니라 볼 것들이 굉장히 많답니다. 한택식물원은 우리나라에서 가장 많은 식물종을 갖고 있는 최대 종합식물원이거든요. 1979년 설립된 이곳은 2001년 환경부에서 지정한 '희귀 멸종위기 식물 서식지외 보전기관'이에요. 우리나라에서 자라는 2400여 종의 식물뿐만 아니라 7300여 종의 외국 식물 등 총 9700여 종, 1000여만 본의 식물을 키우고 연구하는 곳이거든요.

식물원 크기가 무려 20만 평, 산자락을 낀 식물원에는 언덕과 계곡도 있어요. 이 드넓은 곳이 저마다 사계정원, 허브&식충식물원, 어린이정원, 아이리스원, 자연생태원, 무궁화원, 월가든, 암석원, 비비추원, 난장이정원, 비비추정원, 모란 · 작약원, 나리원, 희귀식물원, 수생식물원, 야외공연장 등 36개의 주제로 구성돼 있어요. 바오밥나무가 있는 호주온실도 그중 하나랍니다. 이곳을 대략 둘러보는 데 걸리는 시간은 2시간 정도. 하지만 보는 데 따라 그 시간은 제각각이겠죠? 식물에 관심이 많다면 하루라도 부족할 테니까요.

이렇게 큰 식물원을 만든 사람은 한택주 원장님이세요. 우리나라 자생식물을 잡초라고 누구도 눈여겨보지 않을 때 우리나라에 세계적인 식물원을 만들어보겠다는 생각 하나로 오늘날과 같은 식물원을 만들었답니다. 그래서 식물원 곳곳을 둘러보다 보면 곳곳에서 세심한 손길을 느낄 수 있어요.

한택식물원 입구에 들어서면 그야말로 아름다운 비밀정원에 들어서는 느낌이 들어요. 식물원의 특징은 어떤 계절에 가도 그 계절에 따라 새로운 모습을 볼 수 있다는 것이에요. 봄에는 구절초와 쑥부쟁이, 맥문동, 튤립과 무스카리 등이 색색으로 피어나고, 여름에는 산수국, 원추리, 노루오줌, 조팝나무 등이 꽃을 피우죠. 가을에도 이름을 다 부를 수 없는 꽃들이 피고 지죠. 이곳에서는 꽃뿐만 아니라 계절마다 다르게 성장하는 식물들의 모습을 볼 수 있어요. 따라서 어느 계절에 가도 볼 것이 많죠.

식물원에 가서 식물 이름과 생김새를 아는 것도 중요하지만 식물의 생태에 대해 알아보는 것도 좋아요. 수많은 식물은 결국 우리가 가꿔야 할 자연이기 때문이죠. 우리가 잡풀로 알고 있는 것들도 저마다 이름과 역할을 갖고 있고 그것들이 숲에서 나무와 함께 잘 자랄 때 자연이 살아난답니다. 숲은 지구별의 지킴이, 숲이 살아야 동물도 사람도 살 수 있으니까요.

한택식물원에서 진행되는 초중고 생태체험프로그램인 자연생태학교에서는 영상교육과 숲체험교육을 통해 우리가 책으로 배운 식물 이야기와 생태변화를 체험할 수 있어요. 특히 환경부와 산림청이 지정한 멸종위기식물 및 보호식물을 찾아 관찰하고 설명을 듣는 일은 매우 소중한 체험이 된답니다.

또 4월부터 10월까지 우리나라 야생화여행, 우리산나물여행, 단오&여름맞이, 식충식물여행, 여름생태체험교실 등의 주제로 열리는 가족생태체험여행 프로그램은 식물의 소중함을 일깨워주는 프로그램이에요. 9월과 10월에는 한택식물원의 보물을 찾는 러닝맨 미션이 열리는데 정원의 비밀을 찾아가는 동안 가족과 함께 재미있게 식물을 배울 수 있는 시간이 된답니다. 어른들을 위한 원예조경학교도 있어요.

경기도 용인시 처인구 백암면 한택로2 T. 031-333-3558
입장료 성인 8,500원 청소년 6,000원 어린이 5,000원(동절기 별도)
http://www.hantaek.co.kr/

+ 플러스 팁

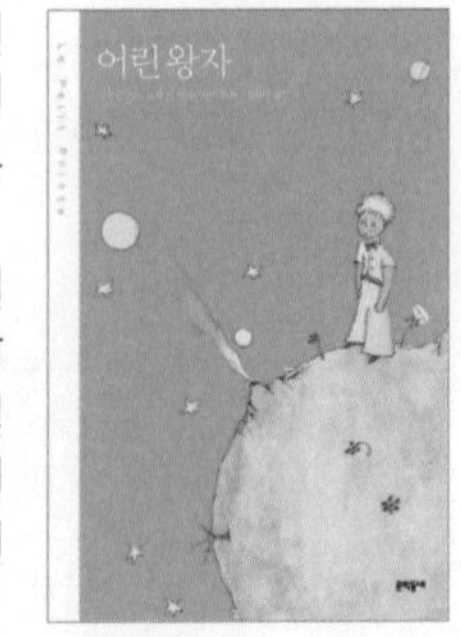

생텍쥐페리(1900~1944) 《어린왕자》로 유명한 프랑스의 소설가이자 비행기 조종사예요. 《어린왕자》는 세계적인 베스트셀러로 성경 다음으로 가장 많이 읽혔다고 할 정도로 유명한 어른들을 위한 동화랍니다. 《어린왕자》 속 삽화도 그가 직접 그린 것이에요.
생텍쥐페리는 1926년 단편 〈비행사〉를 발표하면서 작가가 됐어요. 이후 비행기 조종사였던 자신의 경험을 살려 〈남방 우편기〉 〈야간비행〉 등의 작품을 통해 작가로서 명성을 얻었어요. 《어린왕자》를 발표한 것은 1943년. 그리고 이듬해인 1944년 생텍쥐페리는 정찰 비행을 나갔다 영원히 돌아오지 않았답니다. 생텍쥐페리는 사라졌지만 그가 남긴 《어린왕자》는 지금까지 전 세계 많은 사람들에게 순수하고 따뜻한 마음을 일깨워주면서 살아있답니다.

+ 함께 가볼 만한 곳

서천 국립생태원

충남 서천군 마서면 금강로 1210 T. 041-950-5300
http://www.nie.re.kr/contents/siteMain.do
관람료 어른 5,000원 청소년 4,000원 어린이 3,000원

국립생태원은 점점 파괴되는 지구 생태에 대해 연구하고 복원하는 등의 일을 하는 곳이에요. 서천 국립생태원은 아시아 최고의 생태교육장으로 꼽히는데, 전체 면적만도 30만 평에 이릅니다.

국립생태원에 가서 맨 처음 들르는 곳은 방문자센터. 국립생태원 조성과정과 생태계에 관한 전반적인 것들을 한눈에 볼 수 있는 곳이고, 2층에는 전망대가 있어요.

국립생태원의 랜드마크는 에코리움. 아주 멋진 이 건물 안에는 세계의 다양한 기후대별 생태를 볼 수 있어요. 1년 내내 비가 내리는 열대관은 아시아, 중남미, 아프리카의 열대우림을 재현해놓고 있는데, 다양한 식물은 물론 강과 바다에 서식하는 알다브라육지거북, 필리핀 돛꼬리도마뱀, 커다란 아마존 담수어 등 어류와 양서파충류 등을 볼 수 있어요.

또 사막관에서는 검은꼬리프레리독, 목도리도마뱀 등과 450여 종의 선인장과 다육식물을 볼 수 있고, 온대관에서는 제주도 곶자왈의 식물을 볼 수 있으며, 극지관에서는 젠투팽귄, 턱끈팽귄 등을, 지중해관에서는 바오밥나무와 올리브나무, 식충식물 등을 볼 수 있어요. 이렇듯 다양한 생태관을 돌다 보니 추웠다 더웠다 해서 옷을 벗었다 입었다 하게 돼요.

에코리움의 면적은 무려 2만2000평. 여기만 보는 데도 시간이 훌쩍 지나간답니다. 그런데 밖에도 전시장이 있어요. 금구리, 에코리움 하다람, 고대륙, 나저어 구역 등으로 나뉘어진 야외 전시장도 볼거리가 많답니다.

따라서 국립생태원에 갈 때는 무엇을 집중적으로 볼 것인가 미리 계획을 해놓고 가는 것이 좋아요. 도시락을 먹을 장소가 따로 마련돼 있으므로 먹거리를 미리 준비해가면 좋습니다. 차로 가도 좋지만 장항선 서천역 후문과 맞닿아 있으므로 기차를 타고 여행을 해도 좋아요.

16

곤지암 화담숲

국내 최대 규모의 신비로운
이끼원이 있는 곤지암 화담숲

화담숲은 경기도 곤지암리조트 옆길로 조금 올라가면 있어요. 화담숲은 정답게 주고받는 말이라는 뜻인 화담和談에서 따왔어요. 즉, 화담숲은 숲과 정답게 대화를 나누는 곳이죠. 돌판에 새겨진 화담숲이라는 이름표 옆으로 커다란 단풍나무 한 그루가 사람들을 맞이하죠. 이 단풍나무의 나이는 무려 200살. 전라도의 한 도로공사 현장에서 옮겨온 것인데 캐는 데만 이틀이 걸렸다고 해요.

보통 수목원은 평지에 있는데 이곳은 산을 그대로 활용했어요. 아래에서부터 전망대까지 저마다 생태 조건에 맞는 나무와 화초가 자라고 있어 숲

사진 제공 화담숲

의 다양한 모습을 볼 수 있죠. 산이어서 오르락내리락 조금 힘든 길이 아닐까 싶지만, 나무데크 길이 조성돼 있어 누구나 쉽게 산책을 즐길 수 있어요.

천연기념물로 지정된 원앙새 40여 마리가 노니는 원앙호수를 지나 조금 올라가면 오래된 나무 아래로 **이끼***가 가득한 숲이 나와요. 넓은 숲을 가득 메운 이끼를 보면 마치 원시림에라도 들어선 듯 신비로운 느낌이 들죠. 이끼는 지구에서 가장 오래된 식물이에요. 이곳에는 솔이끼, 돌솔이끼, 비꼬리이끼, 서리이끼 등 30여 종의 이끼가 약 3000평 규모에서 자라고 있는데 우리나라에서 가장 큰 이끼원이라고 해요.

드라마에도 나와 유명한 '약속의 다리'를 지나 숲길을 조금 더 올라가면 물레방아를 만날 수 있어요. 물레방아가 돌아가는 힘으로 만들어진 전기로 스마트폰을 충전시킬 수도 있죠. 그리고 자작나무 숲을 지나면 미선나무가 있어요. 미선이란 임금을 위해 부치던 부채를 말하는데, 미선나무의 열매가 그것과 닮은 데서 이름 지어졌어요. 세계적인 희귀종으로 우리나라에서만 자라는 나무죠.

숲길을 따라가다 보면 봄철 식탁에 오르는 곰취와, 곰취와 비슷하게 생겼는데 먹으면 안 되는 동의나물도 볼 수 있어요. 이뿐만이 아니에요. 이곳의 식물은 총 4300여 종이나 되거든요. 숲의 천이 과정, 씨앗과 열매가 퍼지는 과정, 장수풍뎅이와 사슴벌레의 차이점 등을 보면서 재미있게 공부도 할 수 있어요.

화담숲에서 볼 수 있는 특이한 나무가 있는데, 바로 연리지예요. 연리지란 각각 뿌리가 다른 나무가 엉켜 자라면서 마치 한 나무처럼 자라는 것을 말해요. 화담숲 연리지는 각각 서 있던 두 그루의 버드나무가 어느 날 한 나무로 자란 것이에요.

길을 따라 천천히 둘러보는 데 걸리는 시간은 2시간 정도. 물론 어떻게 얼마나 보느냐에 따라 그 시간은 달라질 수밖에 없어요. 이곳은 무려 41만 평이나 되거든요. 우리나라 자생식물과 외국에서 들여온 식물들이 자라는 이곳에는 이끼원을 비롯해 철쭉 · 진달래원, 반딧불이원, 암석원, 수국원, 단풍나무원, 특이형태나무원, 추억의정원 등 현재 서로 다른 주제를 가진 17개 테마원으로 구성되어 있어요.

수목원의 가장 큰 장점은 어느 계절에 가도 좋다는 것이에요. 봄이면 새순이 돋고 봄꽃이 피어나서 좋고, 여름에는 수목이 우거져서 좋고, 가을엔 단풍이 아름다워 좋죠. 식물들은 저마다 날마다 다른 색깔로 피어나기 때문에 똑같은 곳에 가도 숲은 언제나 다른 모습으로 맞아준답니다.

경기도 광주시 도척면 도척윗로 278 T. 031-8026-6666
입장료 성인 9,000 청소년 7,000 어린이 6,000(모노레일 이용료 별도)
http://www.hwadamsup.com/navigation/index.dev

+ 플러스 팁

이끼 이끼가 지구에 등장한 것은 약 41억년 전부터라고 해요. 나무나 풀보다 먼저 태어난 것이죠. 생명력이 강한 이끼는 바위 면을 쪼개 토양을 만들어 다른 식물들이 살도록 도와요. 이끼는 그늘지고 습한 곳에서 잘 자라죠. 햇볕이 강하게 내리쬐고 건조하면 말라죽을 수 있어요. 건조한 상태에서 풀 죽는 이끼는 비가 오고 습기가 차면 다시 살아나요. 이끼는 빛이 적은 곳에서 살기 때문에 나침반 역할도 해요. 이끼가 잘 자라는 쪽이 북쪽이 되는 셈이죠.

17

안동 하회마을 옥연정사

임진왜란의 숨은 영웅
류성룡이 《징비록》을 쓴 곳

사극은 역사를 이해하는 데 도움이 됩니다. 사극이 역사적 사건이나 인물을 다루고 있기 때문이죠. 물론 극인만큼 재미요소를 넣어 실제 사건과 인물 속에 살을 붙여 이야기를 만들어내죠. 사극 〈징비록〉은 **임진왜란***을 다뤘던 드라마로 크게 주목받았습니다.

〈징비록〉은 드라마 제목 이전에 책 제목이랍니다. 이 책의 저자는 임진왜란 당시 영의정이라는 최고 관직과 전시 총사령관격인 도체찰사를 맡았던 서애 류성룡1542~1607. 우리가 잘 아는 이순신 장군과 권율 장군을 발탁해서 왜구와의 긴 전쟁을 승리로 이끈 장본인이랍니다. 이런 관직에 있던 양반이

하회마을을 한눈에 내려다볼 수 있는 부용대에서 내려가면서 바라본 옥연정사 풍경.

이야기책을 쓴 것은 물론 아니에요. 임진왜란을 겪으면서 왜구에 의해 나라와 백성이 무참하게 짓밟히는 것을 보고 다시는 이 땅에서 전쟁이 일어나지 않기를 바라는 마음으로 쓴 기록문이랍니다. 그래서 《징비록》은 기록문학으로 그 가치를 인정받아 국보 제132호로 지정돼 있어요.

《징비록》은 '징계할 징懲, 삼갈 비毖, 기록할 록錄', 즉 제목이 뜻하는 것과 같이 '지난 전쟁을 돌아보며 반성하여 다시는 이런 일이 되풀이되지 않도록 미리 조심하고 대비한다'는 뜻을 갖고 있답니다. 《징비록》 서문에도 '시경에 "내 지나간 잘못을 징계하는지라, 후한을 조심할거나."라는 말이 있다. 이것이 바로 《징비록》을 지은 까닭이다.'라고 쓰여 있어요.

실제 《징비록》은 임진왜란 이전의 국내외 정세와 7년간 이어진 임진왜란의 실상, 그리고 임진왜란 후의 상황까지를 매우 구체적으로 기록하고 있어요. 미처 전쟁을 준비하지 못하고 있다 왜군의 침략으로 불과 두 달도 안 돼 조선 팔도가 모두 적에게 넘어가고, 심지어 왕까지 궁궐을 버리고 피난을 떠나야 했던 상황을 자세하게 써놓고 있죠.

특히 우리가 잘 아는 이순신 장군이 어떻게 전쟁에 참여하게 되는지, 공을 세우고도 왜 백의종군하는지, 그리고 다시 수군통제사가 되어 왜군을 무찌르고 전사하기까지의 과정도 기록되어 있답니다. 그래서 이 책은 임진왜란을 연구하는 매우 중요한 자료랍니다.

류성룡은 임진왜란 당시 선조 임금이 피난길에 나설 때 호위를 하기도 했어요. 그러나 반대파들에 의해 모함을 당하는 바람에 관직을 박탈당하고 고향으로 내려옵니다. 이후 모함에서 풀려 왕이 다시 불렀지만 더 이상 벼

옥연정사 안마당 풍경. 이곳에서는 숙박이 가능하다.

임진왜란을 연구하는 데 매우 중요한 자료인 징비록.
하회마을 영모각에 전시된 것은 복사품이고,
원본은 안동국학원에 있다.

슬을 하지 않고 징비록을 비롯한 영모록, 서애집 등 많은 글을 쓰면서 말년을 보냈답니다.

오늘 찾아갈 곳은 류성룡이 고향으로 내려가 《징비록》을 쓴 옥연정사예요. 중요민속자료 88호로 지정되기도 한 이곳은 아름다운 고건축으로도 유명한 곳이랍니다. 이곳에서 류성룡은 글도 쓰고, 제자들을 가르치곤 했답니다. 평생 청렴결백하게 살았던 류성룡은 높은 벼슬을 했지만 가난했어요. 작은 서당을 짓고 싶었지만 형편이 여의치 못했죠. 그러자 가까이 지내던 탄홍이라는 스님이 10년 동안 시주를 해서 이곳을 완공했답니다. 처음에는 이름도 옥연서당이었답니다. 옥연玉淵이라는 이름은 류성룡이 직접 지었는데 옥연정사 앞을 흐르는 강물이 옥과 같다고 해서 붙인 이름이랍니다.

바로 옆 작은 오솔길을 따라 가면 류성룡의 형인 겸암 류운룡이 학문을 연구하던 겸암정사가 있습니다. 그리고 뒷산으로 올라가면 하회마을을 한눈에 내려다볼 수 있는 부용대가 있습니다. 강물이 마을을 S자로 감싸고도는 멋진 모습을 볼 수 있죠. 강이 마을을 돈다는 하회마을이라는 이름의 유래를 확인할 수 있는 곳이기도 하답니다.

하회마을은 2010년 유네스코에서 선정한 한국의 역사마을로서 1600년대부터 풍산 류씨 가문이 모여 살던 집성촌이에요. 하회마을에 가면 류성룡의 종택 충효당이 있습니다. 종택이란 종가가 대대로 사용하는 집을 말해요.

이 집은 실제 류성룡이 살던 집은 아네요. 류성룡이 마지막까지 살던 집은 지금의 안동시 풍산읍 서미리의 초가집이었답니다. 충효당은 이후 손자와 류성룡의 제자들이 그를 기리기 위해 지은 집이랍니다. 지금도 안채에서는 종손이 살고 있어 출입이 금지되어 있어요.

《징비록》은 종손 집에서 대대로 보관하다 지금은 영모각이라는 생가 옆 전시관에서 류성룡의 다른 유품을 비롯해 풍산류씨 종가의 다른 유품들과 같이 보관되고 있어요. 안동국학원에 원본이 있고, 영모각에 있는 것은 복사품이랍니다.

옥연정사에서는 고택체험을 할 수 있어요. 비어 있던 옥연정사를 깨끗하게 정비해 하룻밤 묵으면서 옥연정사 유래와 역사에 대한 설명을 듣고 서애 선생 종가인 충효당과 유물관인 영모각을 관람, 부용대 산책 등을 할 수 있어요. 정성 깃듯 종가의 손맛이 담긴 오첩반상 아침식사도 빼놓을 수 없답니다. 비용은 2인 기준 원락재 25만 원, 세심재 왼편과 오른편 각각 18만 원입니다.

경북 안동시 풍천면 광덕리 20 T. 054-854-2202
http://www.okyeon.co.kr/

+ 플러스 팁

임진왜란 일본은 1592년(선조 25)부터 1598년(선조 31)년까지 2차에 걸쳐서 우리나라에 침입했어요. 임진년에 일어난 1차 침입을 '임진왜란', 정유년에 일어난 2차 침입을 '정유재란'이라고 하지만, 임진왜란이라고 할 때는 보통 이 두 개의 전쟁을 모두 포함시켜 말한답니다. 일본은 명나라로 가는 길을 내어달라는 명분으로 20만 명의 군사를 이끌고 침략, 부산에 들어온 지 불과 18일 만에 한양까지 쳐들어왔답니다. 여기에 놀란 선조 임금과 신하들은 궁궐을 버리고 북쪽으로 피난을 떠났고, 명나라에 군사를 보내줄 것을 요청했어요. 결국 기세등등하게 명나라까지 쳐들어가려던 왜군은 전국 각지에서 백성들이 스스로 만든 의병과 나라의 관군, 명나라 지원군 등에 의해 일본으로 돌아가고 말았답니다. 임진왜란 때 왜군을 크게 물리친 3대 대첩은 한산도대첩, 진주성 대첩, 행주대첩이랍니다.

18

강릉 허균 허난설헌 기념관

《홍길동전》을 쓴 허균과
조선 최고 여류시인 허난설헌을 만나다

우리나라의 최초의 한글소설은《홍길동전》입니다. **홍길동*** 은 아버지가 재상이라는 높은 자리에 있었지만 첩의 아들인 서얼로 태어났지요. 아버지를 아버지라 부르지 못하고 천대를 받던 홍길동은 집을 나와 활빈당을 만들어 탐관오리들의 집을 습격해 가난한 백성들을 도와주는 의적이 되었답니다. 그리고 백성들이 살기 좋은 이상적인 율도국을 꿈꾸지요.

이 유명한 소설을 지은 사람은 조선시대 학자이자 정치인인 허균1569~1618입니다. 허균은 소설《홍길동전》을 통해 당시 부패한 정치를 개혁하고, 신분 타파 등을 이야기하면서 현실 정치에서 이루지 못하는 꿈을 이야기하고 있어요. 강원도 강릉에 가면 바로 허균의 업적을 기리는 기념관이 있답니다. 주변 솔숲이 아주 멋진 이곳에 가면 '허균 허난설헌 기념관'이라고 씌어 있어요.

허난설헌1563~1589은 허균의 누나로, 조선시대 최고의 여류 문장가랍니다. 조선시대에는 가부장적 사회였기 때문에 여성들의 활동이 자유롭지 못한 때였지요. 그러나 아버지 허엽과 오빠 허봉은 어려서부터 글재주가 뛰어난 난설헌에게 공부를 하게 했고, 자유롭게 생각하고 글을 쓰도록 했지요.

남녀 차별 없이 생활하던 난설헌은 15세 때 결혼했지만 결혼생활은 그리 행복하지 않았어요. 남편과도 관계가 좋지 못했고, 보통 여자들이 겪던 시집살이를 더욱 호되게 겪었죠. 그런데다 아직 어린 아들과 딸을 졸지에 잃는 불행까지 겪게 되었는데 허난설헌은 이러한 자신의 기구한 삶을 시로 썼어요.

27세 때 죽음을 맞이한 허난설헌은 죽기 전에 그동안 썼던 200여 편의 시를 모두 불태우라고 말했어요. 그러나 누나의 천재성과 삶을 안타까워하던 동생 허균은 명나라 시인 주지번에게 누나의 시를 보여줬지요. 주지번은 허난설헌 시에 감탄하며 시집 《난설헌집》을 냈어요. 이 《난설헌집》은 중국에서 베스트셀러가 됐고. 이후 일본에서도 번역되어 큰 인기를 끌었지요. 허난설헌은 우리나라에서보다 중국과 일본에서 먼저 더 유명해진 우리나라 최초의 여류 시인이랍니다. '허균 허난설헌 기념관'에는 이들 두 남매의 업적을 볼 수 있는 자료들이 있고, 복원된 생가, 공원 등이 있어요.

주변에는 '초당 두부마을'이 있어요. 초당두부라고 이름붙인 음식점들이 즐비하죠. 길 이름도 강원도 강릉시 초당순두부길. 이쯤 되면 초당이란 이

복원된 허균 · 허난설헌 생가(위)와 아래는 차례로
허난설헌 기념관 전경과 실내, 허난설헌 초상.

름의 유래가 궁금하죠? 초당은 바로 허균·허난설헌의 아버지 허엽의 호입니다.

두부는 보통 소금으로 간을 해서 만드는데, 초당두부는 소금 대신 동해 바닷물을 간수로 이용한답니다. 당시 강릉 부사로 있던 허엽이 관청 마당에 있던 샘물과 바닷물로 간을 맞춰 두부를 만들었는데 아주 맛이 좋아 자신의 호를 따 '초당두부'라고 이름 지었다고 전해져요. 두부를 만들었던 자리가 바로 지금의 초당마을이라고 합니다. 일부에서는 그 옛날 조선시대 양반이 과연 두부를 만드는 일을 했는가 하고 의문을 제기하기도 해요.

《홍길동전》을 지은 허균은 역적모의를 했다 해서 참수형을 당하는 등 집안은 풍비박산이 나고 말았지만, 누구나 다 알 만큼 후대에 길이 남은 아버지와 남매, 참 대단하죠? 허균 허난설헌 기념관은 이들 남매의 500년 세월을 훌쩍 뛰어넘는 학문적, 문학적 업적과 그 비운을 함께 엿볼 수 있는 곳이랍니다.

강원 강릉시 초당동 477-8 T. 033-640-4798 입장료 무료

+ 플러스 팁

홍길동 홍길동은 실제 인물일까요, 아니면 허균의 소설 속 허구 인물일까요? 홍길동은 실제 조선 초 충청도 일대에서 활동했던 의적의 두목입니다. 조선왕조실록에 영의정, 좌의정, 우의정 등 삼정승이 연산군에게 홍길동이 잡혔다는 보고를 하는 기록이 나온답니다. 작가 허균은 사람들 입에 오르내리던 홍길동을 당시 사회에 대한 문제의식을 갖고 홍길동이라는 인물을 재창조해냈다고 볼 수 있습니다.

19

춘천 김유정문학촌

소설 〈동백꽃〉 〈봄 · 봄〉을 만나다

봄이 되면 생각나는 작가 중 한 사람이 김유정1908~1937입니다. 그의 대표작 중 하나인 〈봄·봄〉 때문이죠. 〈봄·봄〉은 시험에도 가장 많이 나오는 단편소설이에요. 그러니 꼭 읽어볼 수밖에 없죠. 공교롭게 김유정 선생은 봄에 돌아가셨어요. 매년 3월 29일에는 김유정 선생 추모제가 열린답니다.

김유정문학촌을 가는 길은 승용차나 버스를 타고 가도 되지만 기차를 타고 가는 것이 더욱 운치가 있답니다. 춘천행 지하철을 타고 가다 '김유정역'에서 내리면 되거든요. 김유정역은 원래 신남역이었던 것을 2004년 12월 1일 김유정을 기념하기 위해 지금의 이름으로 바꿨어요. 우리나라에서 사람

이름을 넣은 최초의 역이랍니다. 참고로 사람 이름으로 역이름을 지은 또 다른 곳은 전라남도 광주도시철도역 중 김대중컨벤션센터역이 있습니다.

김유정역에 내려서 조금만 걸어가면 바로 김유정문학촌이 나옵니다. 이곳을 문학촌이라고 하는 것은 생가나 기념관 하나만 있는 게 아니기 때문이랍니다. 이 마을의 이름은 실레마을. 김유정은 이곳을 무대로 작품을 썼어요. 그의 30여 편의 소설 중 대표작인 〈봄·봄〉을 비롯해 〈동백꽃〉 등 12편을 바로 실레마을을 배경으로 하고 있거든요. 따라서 김유정역에 내리는 순간 이미 김유정 문학세계로 발을 내딛는 셈이 돼요.

생가로 들어서면 옆으로 연못이 있고 그 앞에 〈동백꽃〉에서 닭싸움을 붙이는 장면을 묘사한 조형물이 있어요. 또 〈봄·봄〉의 주인공 나와 봉필영감이 서로 점순이 키를 재보는 조형물도 있답니다.

김유정 생가는 생가 터에 2002년 고증을 거쳐 복원된 것으로 기와집 골격에 초가를 얹은 것이랍니다. 대문을 열고 안으로 들어서면 ㅁ자 마당과 한쪽의 굴뚝 등 일반 한옥과 다른 점이 눈에 띄어요. ㅁ자 형태로 만든 것은 외부의 위협을 막기 위한 것도 있지만, 집안이 보이지 않도록 하기 위한 것이라고 합니다.

김유정에 대한 자세한 이야기를 만날 수 있는 곳은 생가 옆에 있는 김유정기념전시관이에요. 이곳에는 김유정의 작품집을 비롯해 작품을 발표했던 옛날 잡지와 소설 속 명장면을 표현한 종이인형 등이 있어요. 김유정 집안은 마을 대부분의 땅이 할아버지의 것이라고 할 만큼 유복했다고 해요. 2남 6녀 중 일곱째이자 차남으로 태어난 그는 어렸을 때 서울 운니동으로 이사해 재동보통학교를 다녔어요. 그러나 7살 때 어머니를, 9살 때 아버지를 여의고 형, 누나들, 삼촌 등의 집에서 자랐답니다.

연희전문 문과에 입학한 김유정은 당대 명창이었던 박녹주의 공연을 처음 보고 그녀를 사랑하게 됐어요. 박녹주가 어머니를 닮았기 때문이었죠. 학교도 결석해가면서 2년 동안 열렬히 구애를 했지만 박녹주는 김유정의 사랑을 받아주지 않았어요. 결석을 너무 많이 해서 학교에서 제적당한 김유정이 지친 마음을 달래기 위해 찾아간 곳이 바로 고향 실레마을이었어요.

고향에서 그는 야학당을 열고 농우회, 노인회, 부인회 등을 조직했어요. 이듬해인 1932년에는 야학당을 '금병의숙'이라는 간이 학교로 만들어 적극적인 농촌계몽활동을 벌이기도 했죠.

1933년 다시 서울로 올라온 김유정은 고향의 가난한 사람들을 소재로 소설을 쓰기 시작했어요. 《제일선》이라는 잡지에 처음 〈산골나그네〉를 발표한 김유정은 1935년 〈소낙비〉가 조선일보 신춘문예에 1등으로 당선되면서 더욱 활발한 작품 활동을 펼쳤답니다. 고향 강원도의 토속적인 언어로 빚어낸 그의 해학 넘치는 문학은 지금도 빛을 발하고 있죠.

그러나 고향에 머물 때도 늑막염으로 고생했던 그는 결국 폐결핵과 치질 등의 병마와 싸우다 1937년 3월 29일 누나네 집 토방에서 친구에게 편지를 쓰다 쓰러지고 말았답니다. 그의 나이 29세밖에 되지 않았을 때였어요.

김유정문학관을 나와 언덕을 따라 실레마을을 한 바퀴 둘러보면 〈봄 · 봄〉에서 딸 점순이 크면 장가들게 해준다며 소설 속 화자 '나'를 머슴으로 부려먹는 봉필영감집, 〈동백꽃〉에서 점순이가 '**노란 동백꽃***이 소보록하니 깔린' '틈

생가 마당에 있는 소설 〈동백꽃〉에서 닭싸움을 붙이는 장면을 묘사한 조형물(위).
생가 마당 뒤쪽에 있는 소설 〈봄 · 봄〉에서 주인공과 봉필 영감이 점순이 키를 재는 조형물과 기념관 내부, 김유정 동상(아래).

에 끼여 앉아서 청승맞게스리 호드기를 불고 있는' 산기슭, 〈민무방〉의 노름터, 〈산골나그네〉의 덕돌네 주막터와 물레방아터 등이 그곳에 있답니다. 서울에 살던 김유정이 고향 실레마을에 와서 지낸 것은 2년이 채 되지 않지만, 실레마을은 김유정문학의 산실이 되어 한국 문학사에 길이 남아 있답니다.

김유정문학촌에서는 3월29일 김유정추모제를 비롯해 5월 김유정문학제, 청소년문학축제 봄·봄, 7월 김유정문학캠프, 10월 실레마을 이야기 잔치, 11월 생가 지붕에 이엉 엮어 올리기 등 다양한 축제가 열린답니다.

강원도 춘천시 신동면 실레길 25 T. 033-261-4650 입장료 무료
http://www.kimyoujeong.org/

+ 플러스 팁

노란 동백꽃 김유정의 단편 〈동백꽃〉에서는 '노란 동백꽃'이 나와요. 동백꽃이라고 하면 흔히 붉은 동백을 말하는데, 노란 동백꽃이라고 하니 조금 의아하죠? 강원도에서는 생강나무꽃을 동백꽃 혹은 산동백이라고 불러왔어요. 김유정 기념관 앞 정원에는 이 생강나무가 있답니다. 이 노란 동백꽃 향기를 김유정은 작품 〈동백꽃〉에서 '알싸한 그리고 향깃한 그 내음새에 나는 땅이 꺼지는 듯이 왼정신이 고만 아찔하였다'라고 표현하고 있답니다.

사진 제공 김유정문학촌

춘천을 알차게 여행하기 위한 방법 중 하나가 시티투어버스를 이용하는 것이랍니다. 맞춤형과 순환형 두 가지가 있는데 맞춤형은 소양댐, 청평사, 김유정문학촌, 강촌레일바이크, 물레길, 소양댐, 강원도립화목원, 춘천막국수체험박물관, 제이드가든, 공지천 등을 둘러볼 수 있어요. A, B 두 코스가 있으므로 취향에 맞춰 골라 타면 됩니다. 순환형은 당일 티켓 한 장으로 원하는 장소에 내려 구경하고 두 시간 뒤 도착하는 버스를 타고 다음 목적지로 향하면 되는 자유로운 여행입니다. 춘천역에서 A코스는 9시 30분, B 코스는 10시 30분에 출발합니다.

20

봉평 이효석문학관

눈부시게 피어나는 가을 메밀꽃밭,
문학의 숨결 느끼다

매년 9월 초중순 강원도 평창군 봉평 이효석문학관으로 가는 길은 하얀 메밀꽃 천지랍니다. 그래서 이 길은 그래서 메밀꽃과 만나는 길이기도 하죠. **작가 이효석***1907~1942은 소설 〈메밀꽃 필 무렵〉에서 메밀꽃 핀 풍경을 이렇게 묘사하고 있어요.

'산허리는 온통 메밀밭이어서 피기 시작한 꽃이 소금을 뿌린 듯이 흐뭇한 달빛에 숨이 막힐 지경이다.'

마치 아름다운 서정시를 보는 듯한 이 짧은 소설을 읽다 보면 문장에 숨이 막히곤 한답니다. 달빛이 흐붓하다니.

사진 제공 이효석문학관

'소금을 뿌린 듯한' 메밀꽃(위)
과 소설 〈메밀꽃 필 무렵〉에서
허생원과 성 처녀가 처음 만난
물레방앗간(아래).

그런데 단어를 이해하고 읽으면 왜 '메밀꽃 필 무렵'을 단편소설의 백미라고 부르는지 알 수 있어요. 마치 한 편의 영상물을 보는 듯한 풍경이 그려지거든요. 이효석은 어떻게 이런 아름다운 소설을 쓰게 된 걸까요? 그것을 조금이나마 알 수 있는 곳, 그리고 작가 이효석을 알 수 있는 곳이 바로 이효석문학관입니다.

이효석의 고향은 문학관이 있는 봉평이랍니다. 학교를 오가며 메밀꽃이 피는 계절이면 지천으로 피어나는 메밀밭을 사이에 두고 걸어 다녔죠. 고등학교 때부터 고향을 떠나 서울과 평양 등에서 살았지만, 유년기에 보낸 고향에서의 추억과 경험은 훗날 이효석 문학의 바탕이 되었어요.

입구에 있는 이효석문학비를 지나 위로 올라가면 이효석문학관이 있어요. 산 중턱에 자리 잡고 있어 아래로 한적한 마을 풍경이 한눈에 내려다보인답니다. 메밀꽃 피는 계절에 가면 메밀꽃이 하얗게 피어 있는 모습을 볼 수 있어요. 꽃이 지면 메밀을 수확하는데 우리가 흔히 먹는 메밀국수, 메밀묵 등이 바로 이 메밀이랍니다.

이효석문학관에 들어가면 이효석의 생애와 문학 세계가 한눈에 들어온답니다. 이효석의 작품이 발표된 잡지와 신문, 책과 유품 등이 시간순으로 정리가 잘돼 있거든요. 문학과 생애를 다룬 영상물은 더욱 이해를 돕고 있죠.

이곳에서 흥미로운 것 중 하나는 집필실 풍경이에요. 책상, 책장과 함께 피아노와 뚜껑이 열린 축음기, 그 뒤에 크리스마스트리, 벽에 'MERRY X-MAS!'라고 커다랗게 붙어 있는 글씨, 그리고 외국 여배우의 사진까지. 이효석이 살았던 때는 지금으로부터 무려 100년 전. 옛날 우리나라 작가의 방이

복원된 이효석이 평양에서 살았을 때의 집과 이효석문학관 안에 재현돼 있는 평양집 거실 풍경.

라는데 언뜻 와 닿지 않는 모습이지요. 그런데 그 옆으로 오래된 사진과 해설을 보면 이해가 돼요. 1930년대 이효석이 살던 평양집 거실에서 찍은 사진이 한 장 있는데 꽤 비슷하거든요. 문학관을 지을 때 사진과 자료를 바탕으로 재현한 이 집필실은 이효석의 일상생활을 비롯해 취미, 그가 관심을 가진 것들이 무엇인지 알 수 있는 풍경이랍니다.

이효석문학관이 다른 문학관과 정말 다른 점은 문학관 한쪽에 '세계의 메밀 음식' '메밀면 뽑기 과정' '메밀묵 만들기' 등 메밀 자료 전시실이 있다는 것이에요. 조금은 뜬금없다 싶지만, 이효석의 대표 작품 〈메밀꽃 필 무렵〉을 떠올리면 쉽게 이해가 가죠?

우리나라 메밀 주요 산지는 제주도, 경북 봉화 등 여러 곳이 있어요. 그런데도 메밀 하면 봉평이 떠오르는 것은 〈메밀꽃 필 무렵〉이란 소설과 그것을 지은 작가 이효석의 고향이 봉평이기 때문일 거예요.

이효석문학관 아래로 내려와 '소금을 뿌린 듯한' 메밀꽃밭 사이로 난 길을 따라가면 이효석 생가, 이효석 평양집 등이 복원돼 있어요. 그리고 반대쪽 아래로 내려가면 '메밀꽃 필 무렵'에 허생원과 성 처녀가 처음 만난 물레방앗간이 있답니다. 매년 9월 열리는 평창효석문화제에서는 100만㎡가 넘는 메밀꽃밭을 허생원처럼 나귀를 타고 가는 등 다양한 프로그램을 즐길 수 있어요. '흐붓한' 달빛 아래 '소금을 뿌린 듯한' 메밀꽃밭을 걸으면서 소설 속 주인공이 되어 볼 수 있지요.

강원도 평창군 봉평면 애강나무길 14 T. 033-335-9669 관람료 어른 2,000원 청소년 1,500원 어린이 1,000원
http://www.hyoseok.org/main/main.asp

+ 플러스 팁

이효석 호는 가산. 경성제일고등보통학교, 경성제국대학 영어영문학과를 졸업했어요. 1925년 콩트 〈여인〉 등을 발표하면서 작품 활동을 시작했고, 1928년 단편 〈도시와 유령〉을 발표하면서 문단의 주목을 받았답니다. 대학 시절에는 결석을 많이 하고 혼자 있는 시간이 많았죠. 함경북도 경산에서 영어 교사 등을 지냈어요. 〈메밀꽃 필 무렵〉을 발표한 것은 1936년. 경제적으로도 안정되고 사회적으로도 존경받으며 작가로서도 유명세를 이어갈 때였답니다. 그러나 1940년 아내와 둘째 아들을 차례로 잃고 1942년 35세 짧은 나이에 결핵성 뇌막염으로 삶을 마감했습니다.

2부

아이와 놀다

01

강화 강화고인돌과 강화역사박물관

선사시대의 무덤 고인돌을 대표하는 강화고인돌

아주 오래전 옛날, 마을 족장이 죽었어요. 족장은 마을의 우두머리로 힘도 센 마을의 최고 권력자예요. 마을 사람들은 족장의 죽음을 슬퍼하며 무덤을 만들었어요. 그들이 만든 무덤이 바로 고인돌이랍니다. 고인돌은 '고여 있는 돌' 혹은 '고여 놓은 돌'이란 뜻의 순수한 우리말이에요. 영어로는 돌멘dolmen, 한자로는 지석묘支石墓라고 하죠.

고인돌이 만들어진 것은 역사를 기록하기 전인 선사시대 청동기 시대예요. 기록으로 남아있지 않지만 고인돌 안에서 발견된 청동검, 반달돌칼, 돌화살촉 등을 통해 청동기 시대 무덤이라는 것을 알 수 있었답니다.

우리나라의 대표적인 고인돌인 강화고인돌. 가장 크고 멋진 탁자식이다.

우리나라는 세계에서 가장 많은 고인돌을 갖고 있는 '고인돌왕국'이에요. 남북한에 있는 고인돌이 4만 기가 넘는데, 이것은 전 세계의 40%에 해당하거든요. 고인돌이 가장 많이 발견된 곳은 전남 화순과 고창, 경기도 강화도 등이에요. 이곳들의 고인돌 유적은 2000년 유네스코 세계유산으로 지정됐답니다.

우리나라에서 발견된 고인돌은 크게 탁자 모양과 바둑판 모양, 혹은 덮

강화역사박물관 안에서는 고인돌 축조과정을 자세히 볼 수 있다(위).
강화역사박물관 안 광성보전투를 재현해 놓은 모습. 광성보전투는 신미양요 때
가장 치열했던 전투로서 많은 조선군을 죽음으로 몰아넣었다(아래).

개돌만 있는 것 등 세 가지예요. 이중 탁자 모양은 북쪽에서 많이 발견되어 북방식 고인돌, 바둑판 모양은 남쪽에서 많이 발견되어 남방식 고인돌이라고도 부르지요.

북방식 고인돌의 대표적인 것이 바로 강화고인돌이에요. 이 강화고인돌의 모습은 큰 돌로 받침대를 세우고 그 위에 넓적한 돌을 얹은 모양이랍니다. 언뜻 보면 큰 탁자 같은 모양이죠. 그래서 탁자식 고인돌이라고도 합니다. 보통 탁자식 고인돌은 굄돌이 4개인데 강화고인돌은 2개인 것도 특징이죠.

고인돌이 무덤이라는데 그럼 대체 시신은 어디에 넣는 걸까요? 굄돌 사이 아래 공간이 바로 시신을 넣는 자리예요. 이와 달리 남방식은 땅을 파서 그 안에 돌로 방을 만들고 시신을 넣었어요. 그 위로 작은 받침돌을 놓고 커다란 돌을 덮었지요. 받침돌이 아예 없이 덮개돌만 있는 고인돌도 있는데 이것은 개석식 고인돌이라고 해요.

우리나라 고인돌을 대표하는 강화고인돌은 굉장히 크고 형태가 뚜렷해요. 높이 2.45m, 너비 6.4m, 두께 1.12m, 무게가 53t이나 된다고 해요. 그런데 무덤인 만큼 시신과 함께 매장했던 물품들이 발견되지 않아 도굴 당했을 것이라고 추정하기도 하지만, 일부 학자들은 어떤 집단을 상징하거나 제단일 수도 있다고 말해요.

그렇다면 그 옛날, 지금처럼 이렇다 할 장비도 하나 없던 그 시절에 어떻게 고인돌을 만들었을까, 언뜻 생각해도 정말 만들기 쉽지 않았을 것으로 짐작되죠.

고인돌을 만들기 위해서는 우선 커다란 돌을 바위에서 떼어내거나 캐낸

후 무덤자리로 옮겼어요. 죽은 사람이 얼마나 많은 권력을 갖고 있었는가에 따라 무덤의 크기는 달라졌는데, 아주 힘이 센 족장이었다면 돌이 아주 커야 했죠.

캐낸 돌은 바닥에 통나무를 깔고 얹은 후 땅을 파서 받침돌을 세우고, 흙을 쌓아 덮개돌을 올린 후 쌓았던 흙을 다시 파내는 식으로 옮겼어요. 고인돌이 만들어지는 과정을 자세하게 알 수 있는 곳이 바로 옆에 있는 강화역사박물관이에요. 과정별로 만들어진 모형과 설명을 곁들여 아주 쉽게 이해할 수 있어요. 이곳에서는 고인돌축조과정뿐만 아니라 선사시대부터 사람이 살기 시작한 강화도의 역사를 볼 수 있어요.

사실 강화도는 '지붕 없는 박물관'이라고 할 만큼 많은 유적이 있는 곳이에요. 이곳 말고도 강화도에만 무려 150여 기의 고인돌이 있어 선사시대부터 이미 많은 사람들이 살고 있었음을 알려준답니다. 뿐만 아니라, 고려시대 몽골이 침입했을 때 수도를 옮긴 곳이 이곳 강화도예요. 강화도는 개경으로 다시 수도를 옮기기까지 39년간 수도 역할을 했어요. 그래서 강화도에는 고려궁지와 고려 왕릉 등이 남아있어요.

또 팔만대장경을 만들었던 선원사 터, 조선 제25대 왕 철종재위 1849~1863이 어릴 때 살던 용흥궁 등이 있어요. 병자호란, 강화도조약, 신미양요 등 역사적으로 큰 사건들도 이곳 강화도에서 일어났습니다. 강화역사박물관은 강화도 역사뿐만 아니라, 우리나라의 굵직한 역사를 한눈에 보여주고 있어 한국사를 공부하기에는 더없이 좋은 곳입니다.

+ 함께 가볼 만한 곳

강화자연사박물관

인천광역시 강화군 하점면 강화대로 994-33 T. 031-930-7090
관람료 어른 3,000원 청소년 및 어린이 2,000원(강화역사관 포함)
http://www.ganghwa.go.kr/open_content/museum_natural/

강화역사박물관 바로 옆에 있어요. 로비에 커다란 향유고래 골격이 있어서 볼거리를 제공하는데, 발견 당시 길이가 무려 14.5m, 무게가 20t이었다고 해요. 1층 전시실은 태양계의 탄생부터 다양한 생물로 가득한 지구, 환경에 적응하는 생물, 인류의 진화 등 4가지의 주제로 구성돼 있어요. 2층 전시실은 생태계와 먹이그물, 종과 집단을 유지하는 번식, 위장과 모방, 강화갯벌, 생물의 이동 등 총 5개의 주제로 구성돼 있어요. 특히 세계 5대 갯벌로 꼽히는 강화갯벌을 재현한 쪽에는 강화갯벌에서 서식하는 철새 등을 만날 수 있답니다. 인류의 진화 과정에 따른 두개골 전시도 재미있어요.

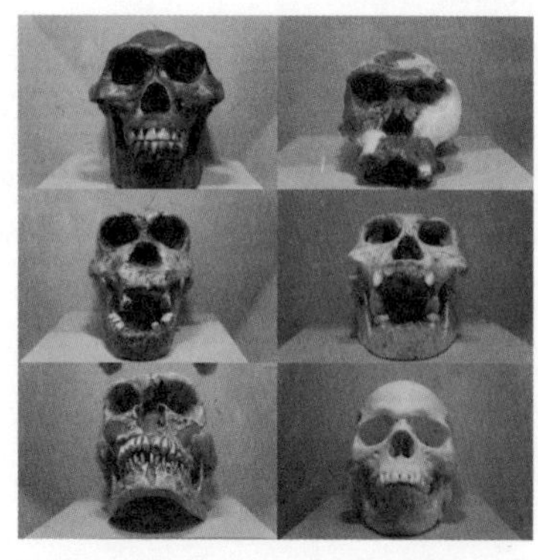
차례로 오스트랄로피테쿠스 아파렌시스(별명 루시), 호모 하빌리스(별명 손쓴사람), 호모 에르가스테르, 호모 에렉투스(별명 곧선사람), 호모 네안데르탈렌시스(별명 골리앗, 올드맨), 호모 사피엔스(별명 슬기사람)의 두개골.

갑곶돈대

인천광역시 강화군 강화읍 해안동로 1366길 18 T. 032-930-7076
입장료 성인 900원, 어린이 600원

갑곶돈대는 강화대교를 타고 강화도로 들어가 우측으로 조금만 가면 있어요. 고려가 강화도로 도읍을 옮겼을 때 몽골군과 맞섰던 중요한 요새로서 강화 53돈대 중 하나예요. 병인양요(1866년) 때 프랑스 극동 함대가 상륙했던 곳이기도 하죠. 돈대 안에는 대포와 소포, 불랑기 등이 전시돼 있어요. 갑곶은 몽골군이 침입했을 때 고려의 집권자였던 최우가 조정을 이끌고 이 마을에 피신했는데, 육지와 거리가 가까워 군사의 갑옷을 벗어 쌓아도 건널 수 있다는 말에서 유래했다고 해요. 갑곶돈대 앞에는 옛 강화역사관을 리모델링한 강화전쟁박물관이 있습니다. 갑곶돈대 입장료로 관람이 가능합니다.

갑곶돈대에 있는 대포와 소포, 불랑기. 돈 아래에는 강화해협이 펼쳐진다.

02

서울 암사동유적

땅에 구멍이 있는 이유는
음식 저장했던 흔적

까마득한 옛날 사람들은 어떻게 살았을까? 그 궁금증을 풀 수 있는 곳이 암사동 선사주거지예요. 서울 강동구 한강 옆 암사동에 있는 이곳은 6000년 전 신석기 시대 사람들이 어떻게 살았는지 알아보고 체험할 수 있는 대표적인 선사문화 교육장이랍니다.

이곳이 처음 발견된 것은 1925년이었어요. 한강에 큰 홍수가 나면서 땅속에 묻혀 있던 유물이 밖으로 나와 발굴을 시작했는데 그때 발굴된 토기와 석기 등 유적이 엄청 많았다고 해요. 이후 몇 번의 조사를 거친 후 이곳이 신석기 시대 사람들이 많이 모여 살았던 곳이라는 것을 밝혀냈는데, 지금까지

암사동 선사주거지에서는 옛날 신석기 시대 사람들이 어떻게 살았을까 하는
궁금증을 모형과 벽화 등 다양한 전시를 통해 풀 수 있다.

발견된 신석기 시대 최대 집단 취락지랍니다.

1979년 사적 제267호로 지정된 이곳에서 발굴된 대표적인 것이 바로 **빗살무늬토기***예요. 빗살무늬토기는 신석기시대를 대표하는 유물이에요. 암사동 선사주거지 입구에는 책에서 본 커다란 빗살무늬토기가 세워져 있답니다.

빗살무늬토기의 가장 특징은 우리가 머리를 빗는 빗과 비슷한 빗살을 이용해 토기에 누르거나 그어서 점, 금, 동그라미 등의 무늬를 표현한 거예요. 이 무늬는 일정한 형태와 무늬를 띠고 있어서 신석기시대 사람들의 예술적인 감각이 얼마나 뛰어났는지를 보여주죠. 국립중앙박물관에 있는 **빗살무늬토기***는 이곳 암사동 선사주거지에서 발굴된 것이랍니다.

암사동 유적지는 제1전시관과 제2전시관, 야외 움집터 등으로 되어 있어요. 제1전시관 안으로 들어가면 넓은 터가 있는데 이곳은 실제 신석기 시대 사람들이 움집을 짓고 살았던 곳이에요. 움집터 8개와 음식물 등을 저장했던 저장공 1개가 있는데 언뜻 보면 그냥 빈 터밖에 보이지 않는 듯하지만 가운데 화덕을 사이에 두고 있는 원시인 모형을 통해 구덩이를 파고 집을 짓고, 음식등을 저장하는 저장공을 만들었던 원시인들의 모습을 상상할 수 있답니다.

벽에는 신석기 시대 사람들의 생활상을 구체적으로 보여주는 그림이 있어요. 신석기 시대 사람들이 강에서 물고기를 잡고, 숲에서 사냥을 하고, 나무에서 열매를 따는가 하면 땅을 일구며 농사를 짓는 모습이 그림으로 그려져 있죠. 이런 모습들은 이곳에서 발견된 뼈로 만든 낚시 바늘, 작은 돌로 만들어진 그물추, 화살촉, 도끼 등 다양한 도구들을 통해서 학자들이 추측해낸 것이랍니다. 물론 이런 유물들도 암사동 선사주거지 제1전시관에서 모두 만날 수 있답니다. 영상실도 있어 선사시대 생활을 더욱 쉽게 이해할 수 있어요.

제2전시관에서는 그림으로 봤던 신석기 시대 사람들의 생활상을 모형으로 볼 수 있어요. 강에서 물고기를 잡고, 장작에 불을 붙이고, 갈돌과 갈판을 이용해 열매를 가는 모습 등을 볼 수 있죠. 또 움집에서 생활하는 신석기 시대 사람들의 모형도 볼 수 있어요.

사람이 죽으면 땅을 파고 돌을 얹었던 장례문화도 알 수 있죠. 구석기시대부터 신석기시대, 청동기시대, 철기시대까지의 연표는 한눈에 선사시대를 꿰뚫어볼 수 있게 해준답니다. 한마디로 이곳에서는 신석기 시대 공부를 다 할 수 있는 거죠.

전시관 밖에 있는 움집터에는 모두 9개의 움집이 복원돼 있어요. 나무와 갈대를 엮어 지붕을 얹었는데, 이중 한 개는 실제 직접 들어가 볼 수 있는 체험움집이랍니다. 안에는 고기를 굽고, 갈판과 갈돌로 요리를 하고 창을 손질하는 원시인들의 모형과 도토리가 담긴 빗살무늬토기도 있어요. 담겨진 도토리를 보면 신석기시대 사람들이 도토리를 먹었다는 걸 알 수 있죠.

실제 이곳 선사주거지에서는 불에 탄 도토리 20개가 발견되었어요. 당시 사람들이 도토리를 주요식량으로 삼았음이 밝혀졌죠. 그러다 조, 피, 수수, 기장, 콩 같은 잡곡 농사를 지었고, 청동기 시대 들어 벼농사를 짓기 시작했답니다. 움집을 둘러보면 천장에 구멍이 뚫려 있는 것을 발견할 수 있는데 이것은 음식을 조리하면서 나는 연기가 빠져나가도록 하는 것이랍니다.

암사동 선사주거지에서는 움집 만들기 체험을 비롯해 빗살무늬토기 만들기, 빗살무늬토기 조각을 복원체험, 수렵체험, 채집체험 등을 할 수도 있답니다.

서울 강동구 올림픽로 875 T. 02-3425-6520 관람료 어른 500원, 어린이 및 청소년 300원
http://sunsa.gangdong.go.kr/main.jsp

+ 플러스 팁

빗살무늬토기 신석기 시대 우리나라에 살던 사람들이 사용하던 토기예요. 지역에 따라 그릇의 형태와 문양이 조금씩 다르답니다. 우리가 흔히 보는 바닥이 뾰족하고 기다란 모양의 토기는 주로 중서부 지역에서 사용하던 것들이랍니다.
흙을 빚어 땅에 구덩이를 파고 500~600℃의 뜨거운 불로 구워내서 만들었는데 큰 것도 있고, 중간 것도 있고, 작은 것도 있어요. 커다란 항아리처럼 큰 것은 음식물을 저장했던 것이고, 중간 것은 음식을 만들고, 작은 것은 식기 등으로 쓰였던 것이라고 해요. 빗살무늬토기는 바닥이 납작한 것도 있고, 끝이 V자처럼 된 것도 있어요. 국립중앙박물관에 있는 대표적인 빗살무늬토기는 끝이 뾰족한데, 땅을 파낸 다음 그 안에 토기를 박고 음식물을 넣어 보관했답니다.

사진 제공 국립중앙박물관

03

서울 몽촌토성

서울에 수도 세웠던 백제의 흔적

백제시대라고 하면 흔히 충청남도 공주와 부여를 떠올린답니다. 그도 그럴 것이 발굴된 백제의 대부분 문화 유적지가 그곳에 있기 때문이죠. 그러나 백제가 시작되고 부흥했던 곳은 공주나 부여가 아닌 지금의 서울이었답니다. 그 흔적의 역사를 서울 송파구에 있는 몽촌토성과 풍납토성, 한성백제박물관 등을 통해서 알 수 있어요.

백제는 크게 한성시대, 웅진시대, 사비시대로 나뉘어요. 한성시대BC18~AD475년는 한성백제시대라고 해요. 한성은 지금의 서울, 즉 풍납토성과 몽촌토성을 합친 이름이라고 합니다. 웅진시대475~538년는 충남 공주, 사비시대

몽촌토성은 서울올림픽공원 안에 있어 찾아가기도 쉽다.
몽촌토성 산책로를 따라 걸으면 몽촌토성 전체를 둘러볼 수 있다.

538~660년는 충남 부여를 말합니다. 사비시대를 연 백제 성왕재위 523~554년은 고구려에 빼앗긴 한강 이남지역을 찾으려고 신라 진흥왕과 동맹을 맺고 연합해서 전쟁을 일으켰지만 결국 신라와의 관계가 깨지고 신라와의 전투에서 전사하고 말죠.

오늘 찾아갈 곳은 백제 성왕이 다시 찾으려 했던 백제 땅 중 한 곳인 몽촌토성이에요. 서울 올림픽공원 안에 있어서 찾아가기도 쉬워요. 5호선 올림픽공원역이나 8호선 몽촌토성역으로 가면 바로 올림픽공원으로 들어갈 수 있답니다. 특히 몽촌토성 산책로를 따라 만들어진 몽촌토성 걷기 코스를 따라 걷다 보면 몽촌토성 전체를 둘러볼 수 있어요. 토성의 모양도 자세히 볼 수 있죠.

몽촌토성의 길이는 2.7km. 야트막한 구릉들로 연결돼 있는 타원형의 토성입니다. 몽촌토성은 구릉은 그대로 산성으로 이용하고, 구릉이 끊기거나 낮은 곳에 진흙으로 성벽을 쌓았어요. 때로는 나무 말뚝을 박아 목책을 세우기도 했어요. 구릉을 자연스럽게 이용한 거죠. 그래서 몽촌토성이라고 부르지만 학자들은 엄밀히 말하면 산성이자 토성이라고도 합니다. 그 외곽에는 **해자***를 둘렀어요. 올림픽공원 안에 있는 호수는 해자를 호수로 만든 거예요. 이 호수는 올림픽공원 안의 가장 아름다운 곳 중 하나랍니다. 그리 높지 않은 구릉으로 이어진 길과 넓게 펼쳐진 잔디밭, 호수 등으로 이루어진 올림픽공원은 그래서 서울에서 가장 아름다운 공원 중 하나로 꼽히고 있어요.

몽촌토성이 언제 만들어졌는지는 정확하게 알 수 없어요. 다만 발굴된 유물과 유적 등을 통해 역사학자들은 언제 만들어졌고, 누가 어떻게 살았는지

몽촌토성 움집터 전시관과 한성백제박물관 전경.

추정할 뿐이죠. 이곳이 발굴되기 시작한 것은 1988년 서울올림픽을 앞두고 올림픽공원으로 조성하면서부터인 1983년부터였어요. 당시 이곳에서는 다양한 유물과 유적이 나왔는데 가장 많은 것은 흙으로 만든 그릇들이었어요. 특히 발굴된 유물 중 중국 도자기가 있었는데 그것은 중국 서진이라는 나라의 것이었어요. 즉 백제가 이미 3세기 무렵 중국과 교류했다는 흔적을 말해주는 것이죠. 이런 것들을 통해 몽촌토성이 만들어진 시기는 백제가 이곳에 국가를 형성하는 시기인 3~4세기 무렵으로 보고 있어요. 백제 것뿐만 아니라 고구려 것도 발견됐는데 이를 통해 이곳이 백제가 고구려에 함락되고 수도를 웅진으로 옮긴 후 고구려 사람들이 살았다는 것을 추측하게 하죠.

또 12기의 움집터, 4채의 주춧돌로 쌓은 건물터 등도 발굴되었는데 움집의 모양에 따라 사람들이 살기도 했고 무기 등을 보관했던 것을 알 수 있었어요. 또 기와조각도 나왔는데 이를 통해 기와집도 있었다는 것을 알 수 있었답니다. 집터 중에는 조선시대 온돌 건물터도 있었어요. 신라가 삼국을 통일했던 통일신라시대 유물이나 고려시대 유물은 발굴되지 않았답니다. 그래서 학자들은 500년 동안 백제 사람들이 살았던 이곳은 고구려 사람들이 들어와 잠시 살다 조선시대에 들어와 다시 사람들이 살기 시작하지 않았을까 추정한답니다.

한때는 이곳이 왕궁이 있던 곳이 아닐까 생각하기도 했어요. 그러나 발굴된 유물 유적 등을 통해 왕궁터나 왕실에서 썼음직한 유물이 발견되지 않았어요. 지금은 풍납토성을 왕궁이 있던 곳으로 보고 있어요. 가장 큰 이유는 풍납토성에서 하수관으로 썼을 것으로 보이는 토관이 발견됐기 때문이에요. 하수시설을 이용하려면 그만한 도시를 계획하고 관리할 수 있는 경제력과 권력이 필요한데 그러려면 왕이거나 그만한 힘을 가진 주변 인물이어야 한다는 것이죠.

백제사람들이 왜 몽촌토성을 지었는지는 아직 정확히 밝혀지지 않았지만 위치나 규모, 출토 유물로 봤을 때 백제 초기의 군사 · 문화적 성격을 살필 수 있는 좋은 유적임은 틀림없어요. 주변에는 풍납토성과 백제 석촌동 고분 등 다른 백제 전기 유적도 있답니다. 몽촌토성에 대해 더 궁금한 점이 있다면 올림픽공원 안에 있는 한성백제박물관을 찾아가보면 좋습니다.

서울특별시 송파구 올림픽로 424 올림픽공원

+ 플러스 팁

해자 해자는 적이 침입하는 것을 막기 위해 성 둘레에 만든 연못이에요. 다른 이름으로 굴강, 외호, 성호라고도 한답니다. 해자가 주로 발견되는 시설물은 성곽과 고분입니다. 몽촌토성 외에도 수원성, 공주 공산성 등에 해자를 설치한 유적이 남아 있습니다.

04

용인 처인성

둘레 400m 남짓의 작은 성,
흔적만 남았지만 몽골군 무찌른 전쟁터

우리 역사에는 크고 작은 전쟁이 끊이지 않았어요. 고조선이 세워졌을 때부터 한나라의 침략이 시작됐죠. 때로는 이기고 때로는 패배한 수많은 전쟁은 우리 역사의 한 축을 이루고 있답니다.

고려시대에는 북방 민족의 침략이 잦았어요. 특히 몽골의 오랜 침공은 백성을 힘들게 했어요. 당시 몽골은 세계를 호령하던 큰 나라였어요. 칭기즈칸이 나타나 주변국은 물론 서아시아와 남러시아까지 몽골 대제국을 건설했거든요.

오늘 찾아갈 곳은 몽골군을 크게 무찌른 처인성 전투1232년 현장인 처인성입니다. 처인성 전투가 역사적으로 큰 의미를 갖는 것은 고려로서는 오랜 몽

사진제공 전쟁기념관

처인성전투를 표현한 민족기록화. 왼쪽 활을 쏘는 김윤후 승장의 모습이 보인다.

골과의 전쟁에서 가장 크게 승리한 전투이기 때문이랍니다. 처인성 전투에서 몽골 장군이었던 살리타가 고려의 승장승려로 이루어진 군대의 장수 **김윤후***의 화살을 맞고 죽었거든요. 살리타는 칭기즈칸의 신임이 두터웠던 장군이었어요. 특히 활 솜씨가 뛰어났죠. 장군이 죽고 나자 몽골군은 기가 꺾인 채 어찌해볼 도리 없이 바로 후퇴를 했습니다.

처인성은 둘레가 불과 40여m밖에 되지 않아 금세 한 바퀴를 돌 수 있다.

몽골이 고려를 침입한 것은 이때가 처음은 아니에요. 이전엔 고려와 몽골이 협력 관계였답니다. 거란족이 고려를 침공하자 몽골에서 지원을 해줬지요. 그런데 몽골은 도움 받은 대가를 치르라며 공물을 바치라는 등 해마다 무리한 요구를 했죠. 고려에서는 한두 번도 아니고 매번 요구를 받아주기가 어려웠어요.

그러다 일이 벌어졌어요. 1225년 고려에 왔던 몽골 사신 저고여가 몽골로 돌아가다 압록강변에서 살해를 당하고 말았거든요. 그러자 몇 년 후인 1231년 8월 몽골에서는 이를 빌미삼아 고려를 침공했어요. 당시 몽골에서는 칭기즈칸이 죽고 셋째 아들 오고타이가 제2대 황제가 되었죠.

몽골군이 수도 개경을 포위하자 고려는 일단 몽골과 화해하기로 했어요. 이에 몽골은 관리인을 보내 고려 정치에 간섭했어요. 참다못한 고려는 수도를 섬 강화도로 옮겼죠. 몽골군이 바다 건너 강화도는 쉽게 침략하지 못할 것이라고 생각했기 때문이에요. 그러자 화가 난 몽골은 살리타 대장을 앞세우고 다시 쳐들어왔어요. 하지만 처인성 전투에서 살리타가 죽임을 당하자 일단 철수를 하죠.

이후 몽골군은 다시 침략해요. 그 과정에서 백성들의 생활은 황폐해졌어요. 오랜 전쟁은 결국 고려가 몽골의 간섭을 인정하기로 하고 끝이 났지요. 몽골군은 1270년 고려가 수도를 다시 개경으로 옮긴 다음에 철수했답니다.

처인성은 경기도 용인시 처인구 남사면 아곡리에 있어요. 처인성 표지판을 따라가다 보면 들판 한가운데 봉곳하게 솟은 산 같은 곳이 있는데, 이게 바로 처인성이에요. 성이라고 해서 큰 성을 생각하고 가다가는 그냥 지나치기 쉽답니다. 처인성 유적 입구에는 고려의 승리를 기리기 위한 처인성 승첩 기념비가 세워져 있어요.

역사학자들은 이곳이 고려시대 군대 창고로 사용됐던 것으로 추정하고 있어요. 백제 때 토성을 쌓았다는 주장도 있고, 발굴 조사 당시 통일신라시대 유물이 많이 나와 그때 쌓은 게 아닌가 하는 주장도 있답니다. 처인성의 전체 둘레는 400여m. 금세 한 바퀴를 돌 수 있어요. 그래서 이렇게 작은 성에서 어떻게 수많은 몽골군과 싸웠을지 궁금해진답니다. 지금은 성의 흔적만 남아 있어요. 그래서 어떤 역사가들은 처인성은 이곳이 아닌 다른 곳에 있다는 주장도 해요.

처인성 언덕에 서보세요. 들판을 가로질러 말을 타고 달려오는 몽골군과, 이에 맞서 싸웠던 우리 조상의 함성이 들리는 것 같죠? 그들의 용기와 애국심, 그 힘이 면면히 이어져 지금의 우리 역사를 이루고 있는 것이랍니다.

용인시 처인구 남사면 아곡리 산 43

+ 플러스 팁

김윤후 1232년 처인성 전투 때 몽골군의 살리타 대장을 화살로 쏘아 죽인 인물이에요. 그는 1253년 충북 충주성에서 몽골군에 맞서 70여 일간 싸우기도 했어요. 살리타 대장을 죽여 몽골군을 철수시킨 공로로 나라에서 큰 벼슬을 내렸으나, 사양하고 나중에 충주산성을 방호하는 방호별감이 됩니다. 충주성에서도 김윤후 장군은 농민, 천민 가리지 않고 백성을 애국심으로 한데 모아 승리를 이끌었지요.

05

공주 공산성

금강 따라 꽃피운
백제의 역사 담고 있는 산성

2015년 7월 독일에서 열린 제39차 유네스코 세계유산위원회에서 '백제역사유적지구'를 유네스코 세계유산으로 등재했어요. 백제역사유적지구는 공주 공산성, 공주 송산리 고분군, 부여 관북리 유적과 부소산성, 부여 능산리 고분군, 부여 정림사지, 부여 나성 등이에요. 이로써 우리나라는 유네스코가 지정한 12번째 세계유산을 갖게 됐죠.

오늘 찾아갈 곳은 백제역사유적지구 중 충남 공주에 있는 공산성이에요. 공주는 백제의 수도였던 웅진의 현재 이름이죠. BC 18년 하남 위례성에서 시작한 백제는 고구려 장수왕의 공격을 받아 한성이 함락되자 475년문주왕 원

년 웅진으로 도읍지를 옮겨 웅진 시대를 열었는데, 공산성은 538년 사비지금의 부여로 옮길 때까지 63년간 백제의 왕성이었던 곳이에요.

공산성의 길이는 총 2660m. 이 중 토성 일부를 제외하면 모두 돌로 쌓은 성이에요. 산성을 쌓는 가장 큰 이유는 성 안으로 외적이 침입하지 못하도록 하기 위해서예요. 따라서 성을 쌓을 때는 지형을 잘 골라야 하죠. 공산성도 앞에는 금강이 흐르고 뒤에는 깎아지른 절벽이 있어 외적이 쉽게 침입할 수 없는 지형을 갖추고 있어요.

매표소에서 공산성을 바라보면 금서루 양쪽으로 산성이 펼쳐지고 산성에

충남 공주시에 있는 공산성은 백제의 대표적 고대 성곽으로 당시는 웅진성이라 했으나, 조선시대 들어 지금 이름으로 불렀다.

는 황색 깃발이 나부끼는 모습을 볼 수 있어요. 이 깃발 안에 있는 그림은 송산리 고분군 벽화에 있는 사신도를 재현한 것인데 황색은 백제를 상징하는 색깔이지요. 백제 시대 사람들은 황색을 우주의 중심이 되는 색이라고 생각해 귀하게 여겼다고 해요.

깃발이 나부끼는 성벽을 바라보며 공산성으로 올라가는 길에는 많은 비석이 세워져 있어요. 주로 옛날부터 이곳 공주를 위해 큰일을 했던 사람들의 행적을 기리기 위한 것인데, 모두 47개예요. 처음부터 이곳에 있던 것은 아니고, 제각각 흩어져 있던 것을 모아 놓은 것이라고 해요.

금서루 양옆으로 성곽을 따라 걸을 수 있다. 나부끼는 황색깃발에는
송산리 고분군 벽화의 사신도를 재현해 놓았다.

금서루는 현재 공산성의 정문 역할을 해요. 공산성을 발굴할 당시 이곳에는 남문인 진남루와 북문인 공북루가 남아 있었고, 동문인 영동루와 서문 금서루는 1993년에 복원한 것이에요. 공산성 안에는 왕궁과 마을 터 등이 있어요. 30년이 넘게 걸린 발굴 조사를 통해 성벽과 왕궁 터를 비롯한 부속 시설 터 등이 드러났죠.

초기 왕궁 터에서는 큰 건물 터와 돌로 쌓은 둥근 연못 터, 저장 시설 등 많은 유물이 출토되었어요. 또 성 안에 있던 마을 터는 넓고 평탄한 곳인데 여기에서는 옻칠 가죽 갑옷과 찰갑작은 쇳조각을 가죽끈으로 엮어서 만든 갑옷, 큰칼, 장식용 칼 등이 나왔죠. 특히 고급스럽고 화려한 상태로 발견된 갑옷에는 645

년이라는 글씨가 생생하게 새겨져 역사 연구에 귀중한 자료가 되고 있어요.

63년간이라는 그리 길지 않은 기간에 백제는 이곳에서 화려한 백제 문화를 꽃피우다 더 넓은 땅을 찾아 사비로 도읍지를 옮겼어요. 고구려에 패해 공산성에 들어온 백제, 이후 백제의 마지막 왕인 의자왕이 나당연합군에 밀려 다시 이곳으로 피신해 끝내 이곳에서 항복을 했답니다.

공산성이 백제 시대 만들어진 성이라고 해서 이 시기에만 성 역할을 한 것은 아니었어요. 백제 이후 고려, 조선 시대의 터와 건물들이 있는데 특히 조선 인조대왕의 일화가 전해지는 쌍수정은 인조가 **이괄의 난***으로 피신해 머문 곳이기도 하답니다.

충남 공주시 웅진로 280 T. 041-840-2266 입장료 어른 1,200원 청소년 800원 초등학생 600원

+ 플러스 팁

이괄의 난 광해군을 내치고 인조임금이 새롭게 왕에 오른 사건을 '인조반정'이라 하는데, 이 반정에 가담했던 이괄이란 신하가 자신의 공로를 인정해주지 않았다고 불만을 품고 일으킨 반란이에요. 이괄의 난으로 인조가 공산성에 피신했을 때 생긴 일화가 있어요. 인조가 어느 날 떡을 먹었는데 그 떡이 아주 맛있었다고 해요. 그런데 아무도 떡 이름을 모르고, 다만 임씨라는 성을 가진 농부가 갖고 온 것이라고 했죠. 인조는 임서방이 갖고 온 떡이라고 해서 '임절미'라고 이름을 지었는데, 이것이 후에 '인절미'가 되었다고 해요.

06

고양 행주산성

부녀자들 치마폭에 돌 담아 날라
왜군 무찌른 행주대첩

조선 시대 일어난 일 가운데 가장 큰 역사적 사건을 든다면 임진왜란을 꼽을 수 있어요. 임진왜란은 임진년인 1592선조 25부터 1598년선조 31까지 7년 동안 왜군이 두 번이나 대규모 군사를 이끌고 조선을 침략한 사건을 말해요.

섬나라 일본은 그 전에도 호시탐탐 조선을 침략했었는데, 임진년에는 대규모 군사를 이끌고 본격적인 전쟁을 시작한 것이죠. 임진왜란 때 조선 군대가 왜적을 크게 무찌른 싸움이 있었는데 역사에서는 그것을 '3대 대첩'이라고 말합니다. 대첩이란 크게 이긴다는 뜻이거든요.

3대 대첩 첫 번째는 이순신 장군이 한산도 앞바다에서 거북선을 이용해

행주산성에서 내려다본 한강 풍경. 한강 다리는 인천공항으로 가는 방화대교다.

왜군의 배를 전멸시킨 한산도대첩1592년, 두 번째는 권율장군이 행주산성에서 왜구를 크게 무찌른 행주대첩1593년, 세 번째는 진주목사 김시민과 의병 곽재우가 힘을 합쳐 왜구를 물리친 진주성대첩1592년입니다.

오늘 찾아갈 곳은 왜구와의 싸움에서 승전고를 울린 행주대첩의 격전지 행주산성입니다. 행주산성은 경기도 고양시 덕양구 행주동에 있어요. 자유로를 타고 가다 보면 가양대교를 지나 공항으로 가는 방화대교가 보이는데, 바로 그 앞에 있는 야트막한 산이 바로 행주산성이 있는 덕양산입니다. 행주산성은 삼국시대 때 흙으로 지어진 산성인데, 토성 흔적이 아직도 남아 있어요.

임진왜란이 일어난 1592년, 권율 장군은 이미 왜구의 손에 넘어간 서울을 빼앗기 위해 관군과 승군, 의병 2300명 등 약 1만 명의 군사를 데리고 이곳에 진을 쳤답니다. 말뚝을 박아 성 주변에 울타리를 치고 왜구와 맞섰죠.

행주대첩 기념관에는 수레화차, 화포 등 당시 쓰던 무기와 갑옷 등이 전시돼 있다.

당시 왜구의 수는 무려 3만 명. 숫자만으로 볼 때는 절대 이길 수 없는 싸움이었죠. 권율 장군을 비롯한 군사들은 모든 힘을 합해서 왜구와 맞섰어요.

하지만 싸움이 계속될수록 점점 화살과 포탄은 떨어지게 되고, 많은 숫자의 왜적과 싸우다 보니 성은 함락 위기에 처했습니다. 권율 장군은 군사들에게 성을 기어오르는 왜군들에게 돌을 던지고 뜨거운 물을 부으면서 성을 지키도록 지시했어요. 적의 시야를 방해하기 위해 '재 주머니 던지기' 전법을 쓰기도 했답니다. 이때 군사들과 함께 싸운 사람들이 바로 부녀자들이었어요. 그들은 치마폭에 돌을 담아 나르고, 물을 끓였어요. 또 행주치마를 왜구를 향해 던졌어요. 결국 하루 종일 싸우다 많은 군사를 잃은 왜군은 물러나고 말았습니다.

권율 장군의 지휘 아래 관군과 승장, 의병, 거기에 부녀자들까지 힘을 합쳐 승리로 이끈 행주대첩은 나라를 위기에서 구한 큰 싸움으로 역사에 길이 남게 됩니다.

여기서 한 가지, 행주치마가 행주대첩 때 부녀자들이 짧은 치마에 돌을 담아 나른 데서 유래한다고 하지만 사실은 아니랍니다. 이미 그 훨씬 전에 행주치마라는 단어를 기록한 책이 나와 있다고 하거든요. 행주치마를 생각하면 행주대첩을 쉽게 기억할 수 있지만 그냥 전해지는 이야기일 뿐이죠.

행주산성 안에는 행주대첩 기념관이 있어요. 이곳에는 행주대첩과 관련된 자료들이 모아져 있는데, 당시 사용했던 불로 적을 공격하는 데 쓰던 수레 화차, 화포 등의 무기와 갑옷 등이 전시돼 있어요. 500년 전 전쟁에서 어떤 무기를 사용했는지 알 수 있죠. 그 앞에는 권율 장군 동상이 있답니다.

기념관을 지나 더 올라가면 1602년에 세운 행주대첩비가 있고, 1963년에 다시 세운 큰 대첩비, 권율장군을 모시는 사당 충장사, 정자 덕양정 등이 있어요. 덕양정에 서면 바로 눈앞에 방화대교가 보이고, 한강이 한눈에 들어오는 멋진 풍경이 펼쳐지지요. 따사로운 햇살을 받으며 오솔길 같은 삼국시대에 만들어진 토성길도 한번 걸어보고, 덕양정에 서서 산성으로 기어올랐을 왜구들을 상상해 보면 행주산성을 보다 제대로 느낄 수 있을 거예요.

경기도 고양시 덕양구 행주내동 산26 T. 031-8075-4642
입장료 어른 1,000원 청소년 500원 초등학생 300원

+ 행주산성 주변 맛집

행주산성 아랫마을은 한식은 물론 중식, 일식장어, 오리, 굴비, 매운탕, 토종닭, 송어회, 참게장, 한우, 홍어, 갈치조림, 어탕국수 등 다양한 음식집들이 많아요. 이중에서 특히 사람들이 줄서서 먹는 집은 원조국수집(031-974-7228)이랍니다. 자전거 동호인들이 즐겨 찾는 곳이기도 한 이 국숫집에는 비빔국수와 잔치국수 딱 두 개뿐이랍니다. 가격은 4,000원인데 그 양은 보통 국숫집의 배가 돼요. 넉넉한 인심과 맛 때문에 점심시간이면 줄 서서 먹어야 해요.

07

경기 광주 남한산성

해발 500m에 쌓아올린 성,
병자호란의 슬픈 역사 간직하고 있어

경기도 광주시에 있는 남한산성은 해발 500m에 달하는 남한산에 쌓은 성이에요. 산성 전체 길이는 11.76km, 면적은 2.3km²죠. 남한산성을 만나고자 산을 오르면, 지금처럼 기계가 없던 옛날에 어떻게 이렇게 높은 곳에 성을 쌓을 수 있었는지 절로 고개가 갸웃거려지죠.

남한산성에 들어서면 지금까지 지나온 꼬불꼬불 산길이 믿기지 않을 정도로 평평하고 넓은 마을이 나와요. 지금은 주변에 음식점이 즐비하지만, 옛날에는 임금이 머물렀던 행궁과 군사 시설, 도시 기능을 갖춘 곳이었죠. 이곳은 넓고 평탄한 데다 우물 80여 개와 연못 45개가 있어 식량만 있으면 수

북한산성과 함께 조선 시대의 도성인 한양을 지키던 남한산성 모습.
산세를 따라 굴곡진 성벽 위에서 내려다보면 멀리 시내가 한눈에 들어온다.

남한산성 북문인 전승문. 이 문을 통해 조세로 바쳐진 곡식을 운반했다.

만 병력도 너끈히 수용할 수 있을 정도였다고 해요. 올라오기가 어려워서 그렇지 일단 이 안에 들어오면 안심인 이유죠. 그래서 옛날부터 이곳은 천혜의 요새였답니다. 남한산성은 이런 입지적 조건에 오랜 세월 지은 다양한 형태의 성곽과 건축술 등으로 2014년 세계문화유산에 등재됐죠.

남한산성에 이르면 자연스럽게 떠오르는 인물이 조선 16대 임금인 인조입니다. 남한산성이 지금 모습을 갖추기 시작한 것은 인조 2년 때였죠. 광해군 13년에 후금의 침입을 막느라 돌로 성을 쌓기 시작했으나 재정적 어려움으로 중단됐어요. 그러다 인조 때 들어서서 본격 공사를 다시 시작한 거죠. 공사가 시작된 지 2년 후인 1626년에 남한산성의 본성이 완성되자, 광주목지금의 경기도 광주시에 있던 조선시대 행정구역을 성 안으로 옮겨오고 행궁도 지었죠.

성을 쌓은 가장 큰 이유는 외적 침입에 대비하려는 것이었어요. 그런데 인조 14년에 청나라로 이름을 바꾼 후금이 조선을 쳐들어오죠. 이것이 바로 병자호란이에요. 인조는 왕자 등 가족을 강화도로 피란시키고 신하들과 함께 남한산성으로 들어가요. 인조는 군사들과 이곳에서 45일간 청나라와 대항해서 싸워요. 그러나 식량은 떨어지고 막강한 청나라 군대가 강화도까지 점령하자 결국 항복하고 말죠.

남한산성에 있던 인조는 청나라의 요구에 남한산성 밖으로 나와 항복 의식을 치러요. 청나라는 죄인이 용포, 즉 왕의 옷을 입을 수 없다 해서 인조에게 청색 옷으로 갈아입으라고 명령하죠. 또한 죄인은 정문으로 통과할 수 없다 해서 서문을 통해 남한산성을 나오라고 시켰어요. 그리고 삼전도에서 인조는 청나라 태종에게 신하의 예를 갖춰 세 번 절하고 머리를 아홉 번 땅에 찧는 삼배구고두三拜九叩頭를 해야만 했어요. 태종은 조선이 항복한 것을 기념해 비석을 세우라고까지 했는데, 그것이 바로 서울 잠실 석촌호수에 있는 삼전도 비석이에요. 남한산성에서 인조대왕과 병자호란을 떠올릴 수밖에 없는 이유랍니다.

남한산성에는 인조가 세자와 함께 내려간 서문을 비롯해 동문, 남문, 북문 등 네 문이 있어요. 성문 밖은 험하고 거친 산길이, 성문 안쪽으로는 잘 닦이고 정돈된 길이 대비를 이루고 있어 묘한 느낌이 나요. 능선과 산세를 활용해 아름답게 지은 산성 밖으로 멀리 서울 시내와 한강도 보이죠. 아픈 역사 때문일까요? 그 아름다움이 때로는 슬프게 보이기도 한답니다.

경기 광주시 남한산성면
남한산성 행궁 관람료 어른 2,000원 어린이 1,000원

+ 플러스 팁

행궁 임금이 궁궐을 벗어나 밖으로 나갔을 때 임시로 머무는 궁을 말해요. 조선 시대 때 사용한 행궁으로는 수원행궁, 강화행궁, 전주행궁 등 20여 개가 있어요. 남한산성 행궁은 유일하게 종묘와 사직을 두고 있죠. 인조 외에도 숙종, 영조, 정조, 철종 임금도 여주나 이천에 있는 능에 갈 때 남한산성 행궁에 머물렀다고 해요.

남한산성 행궁 내외부. 이곳에서 인조는 전쟁을 치렀다.

08

익산 왕궁리 유적

지금은 5층 석탑만 남았지만 1400점 넘는
유물 발견된 백제 왕궁 터

세계유산*으로 등재된 백제역사유적지구는 익산 왕궁리 유적, 익산 미륵사지, 공주 공산성, 공주 송산리 고분군, 부여 관북리 유적과 부소산성, 부여 정림사지 등 8곳을 말해요. 백제가 세워진 것은 기원전 18년. 멸망한 시기는 660년이에요. 이 긴 세월 동안 백제는 처음 위례성에 도읍지를 정한 이래 고구려에 수도를 빼앗기고 나서 웅진현재 충남 공주과 사비현재 충남 부여로 도읍지를 옮겼어요. 그래서 백제의 유적지는 서울, 부여, 공주에 많이 있죠. 그러다 제30대 무왕600~641이 익산으로 왕궁을 옮기려 하면서 충청도에서 내려와 전라북도 익산에서도 유적을 볼 수있게 됐죠.

왕궁리 유적에 남아 있는 왕궁리 5층 석탑. 백제역사유적지구 중 하나인 왕궁리 유적은 백제 왕실이 수도 사비의 취약점을 보완하기 위해 만든 별궁 유적이다.

왕궁리 유적에 대해 자세하게 알 수 있는 유적전시관(좌)과 이곳에서 발견된 기와(우).

오늘 찾아갈 곳은 백제역사유적지구 중 한 곳인 익산 왕궁리 유적이에요. 왕궁리라는 마을 이름에서 알 수 있듯 이곳은 옛날 백제 왕궁이 있던 마을이에요. 그러나 실제로 가보면 이곳에 과연 왕궁이 있었을까 조금 의아한 생각이 들어요. 왕궁이라고 하면 서울의 경복궁이나 창경궁을 생각하게 되는데 왕궁리에는 그럴듯한 궁의 모습을 한 건물이 없기 때문이죠.

왕궁리 유적지에 있던 건물들은 대부분 나무로 지어졌어요. 안타깝게도 지금은 거의 사라진 상태죠. 유일하게 남아 있는 것이 국보 제289호로 지정된 왕궁리 5층 석탑이랍니다. 이 석탑은 1965년에 보수를 위해 해체했는데, 그때 탑 안에서 사리장엄구와 사리병, 순금 금강경판 등이 나왔어요. 특히 사리장엄구는 백제의 예술미를 아주 잘 보여주는 것으로서 국보 제123호로 지정됐죠.

단아하고 소박한 아름다움을 지닌 이 석탑은 넓은 벌판에 외롭게 서 있어요. 그런데 이 황량한 주변 벌판이 바로 백제 왕궁이 있던 곳이에요. 무왕 때 이곳에 궁궐을 지었다가 백제 말기를 전후해서 사찰이 들어섰다고 해요. 왕궁이었던 곳이 왜 사찰이 됐는지는 아직 학자들도 정확한 이유를 밝히지 못했죠.

왕궁 터에서는 우리나라 고대 왕궁으로는 처음으로 왕이 일하던 정전, 정원, 금이나 동, 유리 제품을 만들어냈던 공방, 대형 화장실이 있었다는 흔적 등이 발견됐어요. 이를 통해 학자들은 왕을 비롯해 이곳에 살았던 사람들이 어떻게 생활했는지를 추측할 수 있었죠.

따라서 이곳 왕궁 터의 발견은 역사적으로 매우 중요한 것이에요. 그동안 알려진 백제 왕궁 관련 유적은 서울 풍납토성, 공주 공산성, 부여 관북리 유적 등인데, 익산 왕궁리 유적만 왕궁 터였음이 구체적으로 확인된 상태예요. 이곳에서 나온 유물은 무려 1400점이 넘어요. 금이나 동, 유리를 세공하던 공방이 있었던 만큼 이곳에서는 금 제품을 비롯해 유리 제품을 만들었던 커다란 도가니, 흙으로 만든 다양한 그릇 등이 발견됐어요.

이런 유물들은 바로 옆에 있는 왕궁리 유적전시관에서 볼 수 있어요. 출토된 유물 중 300여 점을 전시하는 유적전시관에서는 유물뿐만 아니라 왕궁리 유적지의 모습, 이곳에 왕궁을 짓는 모습 등을 홀로그램을 통해 볼 수 있답니다.

익산시 왕궁면 궁성로 666 T. 063-859-4631(왕궁리유적전시관)
관람료 무료
http://wg.iksan.go.kr/home/

+ 플러스 팁

우리나라 세계유산 석굴암 · 불국사(1995년), 해인사 장경판전(1995년), 종묘(1995년), 창덕궁(1997년), 수원화성(1997년), 경주역사유적지구(2000년), 고창 · 화순 · 강화 고인돌 유적(2000년), 제주화산섬과 용암동굴(2007년), 조선왕릉(2009년), 한국의 역사마을 하회와 양동(2010년), 남한산성(2014년), 백제역사지구(2015년) 등이 우리나라에 있는 세계유산이에요. 세계유산은 유네스코 세계유산위원회가 인류 전체를 위해 보호해야 할 뛰어난 보편적 가치가 있다고 인정해 세계유산목록에 등재한 유산을 말해요. 세계유산으로 등재되면 이를 보호하기 위한 국제기구 및 단체들의 기술적, 재정적 지원을 받을 수 있어요.

세계문화유산으로 지정된 조선 왕조 역대 왕들과 왕후들의 신주를 모시고 제례를 행하는 종묘.

09

경주 문무대왕릉

삼국을 통일한 왕,
죽어서도 나라를 지키고 싶어 바다에 잠들다

바다에 무덤이 있다? 동화라면 모를까, 실제로 있을까요? 경상북도 포항 봉길 해수욕장으로 알려진 이곳에 가면 바다에 무덤이 있습니다. 세계에서 바다에 무덤이 있는 유일한 곳이기도 한데, 이 무덤의 주인공은 신라 제 30 대왕인 문무대왕재위 661~681년입니다.

문무대왕은 김유신과 함께 백제와 고구려를 차례로 멸망시키고, 이어 한반도를 차지하려는 당나라도 몰아내고 삼국을 통일한 왕입니다. 삼국통일을 한 왕이니 역사에 큰 획을 그은 인물이죠.

평생 나라를 위해 싸웠던 문무왕은 죽기 전에 맏아들신문왕과 신하들을 불

감포 앞바다에 있는 세계 유일 수중릉 문무대왕릉.
죽어서 바다의 용이 되어 나라를 지키고 싶었던 문무대왕의 유언에 따라 만들어졌다.

러놓고 유언을 했습니다. 내가 죽으면 화장을 한 뒤 동해바다에 묻어라, 나는 동해바다 용이 되어 왜구의 침입을 막겠다, 라고 말입니다. 삼국을 통일하고 당나라도 몰아냈지만, 호시탐탐 쳐들어오는 왜구를 죽어서도 막음으로써 나라를 지키고 싶었던 거죠.

문무왕이 죽자 아들 신문왕은 아버지의 유언대로 화장한 유골을 감포 앞

바다에 우뚝 솟은 큰 바위섬에 장사를 지냈습니다. 바닷가에서 약 200m 정도 떨어진 이 바위섬이 바로 대왕암이라고 불리는 문무대왕릉입니다.

멀리서 볼 때 솟은 것처럼 보이는 이 바위섬 위는 널찍하다고 해요. 그리고 한가운데는 마치 못처럼 패여 있고 물이 고여 있답니다. 못 사방에는 동서남북으로 물이 들어오고 나가는 길이 있는데 이 물길을 통해 동쪽에서 흘러온 물이 못을 돌다가 서쪽으로 흘러 나간답니다. 이 사방 물길은 처음부터 있었던 것은 아니고, 문무대왕릉을 만들 때 만든 것이라고 학자들은 추측한답니다.

죽어서도 나라를 지키겠다던 문무대왕의 나라 사랑하는 마음을 또 만날 수 있는 곳 중 한 곳은 문무대왕릉 근처에 있는 감은사지예요. 문무대왕은 생전에 왜적의 침입을 막기 위해 감은사를 짓기 시작했는데 미처 다 짓지 못하고 죽고 말았어요. 아들 신문왕은 아버지가 죽은 후 절을 완공했어요신문왕 2년, 682년. 그리고 아버지의 은혜에 감사한다는 뜻으로 '감은사'라고 이름을 지었답니다. 특히 금당 지하는 바닷물이 통하게 설계되었는데 이것은 용이 된 문무왕이 드나들도록 한 것이라고 해요.

훗날 용이 나타났다고 전해지는 곳이 감은사지 앞에 있는 이견대예요. 이곳에서 신문왕은 용으로부터 옥대를 받고, 대나무를 얻어 피리를 만들었다고 해요. 왕이 이 피리를 불면 몰려왔던 적군이 물러가고, 병이 나으며, 거친 파도도 잔잔해졌답니다. 그래서 이 피리를 만파식적萬波息笛이라고 부르고 국보로 삼았다고 전해지지요.

감은사에서는 대왕암이 내려다 보여요. 훗날 사람들은 용이 된 문무왕이

문무왕의 아들 신문왕이 아버지의 은혜에 감사하다는 의미로 이름 붙인 감은사지. 지금은 석탑만 남아있다.

왜구로부터 나라를 지켜 준다고 믿었죠. 언제 폐사되었는지 정확하지 않은 이곳은 지금 황량한 절터에 두 개의 큰 삼층석탑국보 제112호만이 자리를 지키고 있답니다. 이견대 앞에 서면 바다 한가운데 우뚝 솟아 있는 문무대왕릉이 한눈에 들어옵니다. 경치 또한 좋아 경주 여행에서 빼놓지 않고 가봐야 하는 곳이죠.

경상북도 경주시 양북면 봉길리 26

+ 함께 가볼 만한 곳

경주는 정말 볼거리가 많은 곳입니다. 어딜 가도 역사와 문화가 살아 숨 쉬는 곳이 바로 경주죠. 통일신라의 수도로 화려하고 찬란한 문화를 꽃피웠던 만큼 수없이 많은 볼거리가 저마다 이야기를 담고 있답니다. 그 어떤 곳보다 중요한 여행지로서 일생에 꼭 한번은 가봐야 할 곳 중 한 곳입니다.

경주의 석굴암과 불국사(1995년), 경주 역사 지구(2000년), 안동 하회마을과 함께 한국의 역사마을로 꼽히는 양동마을(2010년)은 이미 세계문화유산으로 이미 지정됐습니다. 경주 역사 지구에는 조각, 탑, 사지, 궁궐지, 왕릉, 산성 등 신라시대의 훌륭하고 아름다운 불교 유적과 생활 유적이 많아요. 경주시 북쪽에 있는 남산지구에는 많은 선사시대 유적과 사적이 있고, 월성지구에는 황성옛터, 경주 김 씨의 시조가 태어난 것으로 전해지는 계림, 안압지와 첨성대 등이 있으며, 왕실 무덤들로 구성된 고분 공원 지구 등이 있습니다.

경주 여행은 하루만으로 불가능합니다. 경주문화관광 홈페이지 http://guide.gyeongju.go.kr/deploy/에서는 경주의 세계문화유산을 비롯해 경주시내권, 보문관광단지권, 불구사권, 동해권, 남산권, 서악권 등으로 나누어 각각 설명하고 있고 그 외 볼거리, 즐길 거리, 먹을거리, 잠자리, 살거리 등까지 안내하고 있어 여행에 도움이 됩니다.

세계유산으로 지정된 경주 남산 지구의 석불들. 차례로 선암 마애불상, 삼릉계곡 마애석가여래좌상, 칠불암마애석불. 남산에는 100여 곳의 절터와 60여 구의 석불 등이 있다.

세계문화유산으로 지정된 불국사와 우리나라를 대표하는 석탑인 다보탑(좌)과 석가탑(우). 불국사 대웅전 앞에 있다. 다보탑은 10원짜리 동전에 새겨져 있다.

선덕여왕 3년(634년)에 지어진 분황사에 있는 모전석탑(국보 30호). 몇 층인지 정확히 알 수 없으나 현재는 3층만 남아있다.

10

제주 제주목 관아와 관덕정

조선 시대 제주 행정의 중심지,
유배돼 가장 먼저 오는 곳

제주도의 많은 건축물 중 가장 오래된 건물은 관덕정觀德亭이에요. 1448년 세종 30년에 세워진 관덕정은 보물 제322호로 지정됐죠. 관덕이란 뜻은 평소 마음을 바르게 하고 훌륭한 덕을 닦는다는 것이에요. 당시 제주 목사牧使였던 신숙청은 이 건물을 병사를 훈련하고 무예를 수련하기 위해서 지었죠.

관덕정 앞 양쪽에는 큰 눈을 부리부리하게 뜨고 입을 꾹 다문 돌하르방 두 기가 서 있어요. 돌하르방은 돌할아버지라는 뜻의 제주도 사투리예요. 제주도에만 있는 돌하르방은 육지에 있는 장승과도 같은 역할을 했는데, 현재 제주도에 있는 원조 돌하르방은 이곳에 있는 것을 포함해 45기가 있어요.

관덕정 바로 옆은 제주**목*** 관아예요. 관덕정도 사실은 제주목 관아의 일부지요. 관아라는 단어를 보면 이곳이 어떤 곳이었는지 쉽게 짐작이 가죠. 제주목 관아는 오랫동안 제주의 정치, 행정, 문화의 중심지 역할을 했던 곳이에요.

원래의 관아 건물은 조선시대인 1434년세종 16년에 불이 나 모두 타버렸던 것을 다음 해인 1435년에 다시 지은 것이에요. 그런데 이것은 일제강점기 때 일본인들에 의해 모두 헐리고 말았어요. 일본은 그 자리에 콘크리트 건물을 짓고 제주도청, 제주도경찰서, 제주지방법원, 제주지방경찰청 등을 세웠죠. 오랫동안 잊혔던 관아 건물의 흔적을 찾기 시작한 것은 1991년. 이후 1998년까지 발굴 조사를 하고 2002년에 현재의 모습으로 복원됐어요.

관아로 들어가면 바로 왼편에 제주목 역사관이 있어요. 제주목을 테마로 한 역사 체험 전시관인 이곳은 제주목의 역사와 변천사, 이곳을 발굴할 때 나온 유물 등을 생생하게 전시하고 있어요. 역사관을 나오면 목사가 일을 하던 연희각, 군관들이 근무하던 영주협당, 잔치를 하고 공물을 바치던 우련당 등 여러 건물이 있어요. 특히 우련당 앞에 있는 연못은 성 안에 적이 침입하거나 화재가 났을 때를 대비해 만들었다고 해요.

이곳에서 가장 큰 건물은 2층짜리 망경루예요. 망경루는 서울 방향으로 서 있는데, 이 건물은 옛날 임금이 있는 곳을 바라보며 그 은덕에 감사드리며 예를 올리던 곳이죠. 2층으로 올라가면 제주목 관아가 한눈에 내려다보여요. 지금은 오래된 건물들이 앞을 가리지만 옛날에는 이곳에서 제주 앞바다로 침범하는 왜구를 살필 수도 있었답니다.

제주도에서 가장 오래된 건물 관덕정. 앞에는 돌하르방이 서 있다.

지금은 건물들로 가려졌지만 망경루(위) 2층에서는 제주 앞바다가 훤히 보였다고 한다.
귤나무가 숲을 이룬다는 귤림당(아래)은 거문고를 타고 바둑을 두거나 시를 지으며 술을 마시는 장소였다.

망경루 1층에는 탐라순력도 체험관이 있어요. 탐라순력도는 제주 목사 겸 병마수군절제사인 이형상이 1702년 한 해 동안 제주도의 각 고을을 다니면서 거행했던 여러 행사 장면을 기록한 채색 화첩인데, 순력도라는 이름의 기록화로는 국내 유일한 것이라고 해요. 당시 상황을 그림으로 그리고 아래 간략한 설명까지 있어 당시 제주도의 모습을 연구하는 데 매우 귀중한 자료라고 해요. 바로 이 그림 자료와 '탐라방영총람' 등 옛날 자료를 토대로 지금의 제주목 관아를 다시 만들 수 있었죠.

제주도는 옛날부터 가장 많은 사람이 유배를 왔던 곳이에요. 유배를 당한 사람이 제주도에 도착해서 가장 먼저 오는 곳이 바로 이곳 제주목 관아였어요. 제주목의 최고 통치 기관이었으므로 이곳의 목사에게 신고해야 했기 때문이죠. 유배를 온 사람 중에는 송시열, 이익, 김정희 등 한국사에 이름을 남긴 사람이 적잖았어요. 그래서 제주에는 '제주 유배길'이 여럿 있는데 제주목 관아에서 출발해서 유배지를 둘러보고 오는 제주 성안 유배길도 있어요.

제주특별자치도 제주시 관덕로 25(삼도이동) T. 064-728-8665 입장료 어른 1,500원 청소년 800원 어린이 400원
http://culture.jejusi.go.kr/contents/index.php?mid=0112

+ 플러스 팁

목(牧) 고려 시대와 조선 시대에 큰 고을에 두었던 지방행정 단위예요. 983년(성종 2)에는 전국에 12목을 설치하고 지방행정의 중심으로 삼았죠. 그러던 것이 현종 때 8목으로 줄었다가 조선시대 들어 20여 개 목으로 다시 늘어나기도 했어요. 1895년(고종 32)에 전국을 8도로 나누고 부 · 목 · 군 · 현으로 나누었던 지방제도가 군으로 편성됨으로써 더는 목이란 이름을 쓰지 않게 됐어요.

11

서울 사육신 역사공원

단 하나의 왕을 모시려 했던 충신들

고려시대 충신의 대명사는 포은 정몽주를 꼽고, 조선시대 충신의 대명사는 사육신을 꼽습니다. 사육신死六臣이란 부당하게 왕이 된 세조를 몰아내고 단종을 다시 임금으로 모시려고 하다 결국 죽고 만 여섯 명의 신하를 말합니다. 박팽년, 성삼문, 이개, 하위지, 유성원, 유응부가 바로 그들이죠. 이 여섯 명의 신하는 왜 죽음으로써 충성을 다했을까요? 오늘은 서울 동작구 노량진에 있는 사육신역사공원에 가서 그 이야기를 들어보도록 해요.

역사공원 안에는 사육신역사관과 사육신묘, 의절사, 사육신비 등이 있어요. 사육신역사관에 들어가면 여섯 명의 신하가 목숨을 바쳐 충성한 이유를

사육신역사공원 안에 있는 의절사에는 사육신의 위패가 모셔져 있다(위).
사육신묘는 서울시 유형문화재 제8호로 지정돼 있다(아래).

살펴볼 수 있어요. 의절사에는 사육신의 위패가 모셔져 있답니다.

사육신이 모신 왕은 조선 제6대 왕 단종1452~55이었어요. 단종은 우리가 잘 아는 세종대왕의 손자죠. 역사에 길이 남는 세종대왕 시절에는 태평성대였어요. 세종대왕은 맏아들에게 왕위를 물려주기로 일찌감치 정했어요. 덕분에 문종은 왕이 되기 전에 아버지 세종대왕 곁에서 30여 년간 좋은 왕의 덕목을 배우면서 아버지를 도왔어요. 그러나 문종은 왕이 된 지 2년 만인 39세에 죽고 말아요. 그러자 문종의 어린 아들이 왕이 되는데 그가 바로 단종입니다.

단종이 왕이 된 것은 불과 12살. 이때 왕이 됐으니 할 수 있는 게 아무것도 없었어요. 보통 이런 경우에는 어머니중전, 할머니대왕대비 등이 도와주는 수렴청정을 하는데 단종에겐 그런 어른들이 없었어요. 이런 상황을 잘 알았던 문종은 죽기 전에 자기가 신뢰하던 신하 김종서, 황보인 등에게 특별히 단종을 부탁했습니다. 그래서 단종은 이들과 의논하면서 나라를 다스렸습니다.

그런데 왕의 자리를 노리는 사람이 생겼습니다. 대표적인 사람이 수양대군이었어요. 수양대군은 세종대왕의 둘째 아들, 즉 단종의 작은아버지죠. 수양대군은 어린 조카가 신하들과 함께 정치를 하는 것이 영 마땅찮았습니다. 왕의 권력 대신 신하들의 권력이 커지는 것도 싫었어요. 특히 김종서는 큰 호랑이라고 불릴 만큼 지혜와 용맹이 뛰어났던 사람입니다. 수양대군은 이 눈엣가시 김종서를 먼저 처치했습니다. 어느 날 김종서 집을 습격해 김종서와 그의 두 아들을 죽이고 말죠. 이 사건이 바로 계유정란의 시작입니다.

믿고 있던 신하들이 삼촌의 손에 죽임을 당하거나 귀양을 가자 단종은 몹시 두려워졌어요. 모든 권력을 쥔 삼촌이 끊임없이 왕권을 위협하자 단종은 도저히 왕의 자리에 있을 수 없음을 깨닫습니다. 결국 단종은 뒤로 물러나고 삼촌이 왕의 자리에 앉도록 합니다. 왕이 된 수양대군, 그가 바로 조선 제7대 왕 세조1455~1468입니다. 세조는 비록 이렇게 왕이 됐지만 왕이 된 후에는 많은 업적을 세웁니다.

세조가 왕이 됐지만 단종을 왕으로 모시던 박팽년, 성삼문, 이개, 하위지, 유성원, 유응부 등 신하들은 단종이 다시 왕의 되어야 한다고 생각했습니다. 그래서 세조를 죽이려는 계획을 세웁니다. 그렇지만 함께 이 일을 준비하던 김질이라는 사람이 불안한 마음에 그만 비밀을 털어놓고 맙니다. 어떻게 오른 왕의 자리인데 자신의 자리를 노리고, 심지어 자신을 죽이려고 했다는 것을 알게 된 수양대군이 어떠했을지 짐작이 되죠?

그런데 세조를 더 화나게 한 것은 성삼문과 박팽년이 세조를 '전하'라고 부르지 않고 수양대군 시절 부르던 호칭인 '나으리'라고 부른다거나, 자신이 왕이 된 후 받은 녹祿, 관리의 봉급을 하나도 쓰지 않고 곳간에 쌓아두고 있었다는 것 등이었습니다. 성삼문은 세조에게 모진 고문을 받으면서도 자신의 절개를 지키는 시를 읊었지요.

이 몸이 죽어가서 무엇이 될꼬 하니
봉래산 제일봉에 낙락장송 되었다가
백설이 만건곤할 제 독야청청하리라

세조는 성삼문을 사지를 찢어 죽이는 무시무시한 형벌을 가합니다. 성삼문의 아버지 성승, 이개, 하위지 등도 마찬가지로 죽임을 당했죠. 박팽년과 유응부는 고문 끝에 감옥에서 죽고 맙니다. 함께 일을 준비했던 유성원은 동료들이 모두 끌려갔다는 소식을 듣고 스스로 죽음을 택했죠.

세조는 이들 사육신을 죽이는 것으로 모자라 가족 중 남자는 모두 죽이고, 여자들은 모두 노비로 만들었습니다. 이때 희생된 사람이 무려 70여 명이라고 합니다. 이들에게 사육신이라고 이름붙인 것은 **생육신***이었던 남효온이 지은 〈추강집〉에 의한 것입니다. 사육신역사관 뒤에 이들 사육신묘가 있습니다.

서울 동작구 노량진1동 155-1 T. 02-813-2130

+ 플러스 팁

생육신 수양대군이 단종을 몰아내고 왕이 되자 벼슬자리를 버림으로써 단종에 대한 절개를 지킨 여섯 명의 신하를 말해요. 〈금오신화〉를 쓴 김시습을 비롯해 이맹전, 조려, 원호, 성담수, 남효온을 말합니다.

12

아산 현충사

어린 이순신이 말 타고 놀던 곳

이순신 장군을 소재로 한 영화 〈명량〉은 1700만 관객이 본 역대 1위 영화로 꼽힙니다. 굳이 영화가 아니더라도 우리나라 사람들에게 최고의 영웅은 이순신 장군이 아닐까요?

이순신 장군의 명량해전은 한산도해전1592년, 노량해전1598년과 함께 **임진왜란 3대 해전***으로 꼽힙니다. 명량해전 당시 나라가 위험에 빠졌을 때 선조 임금은 이순신 장군에게 바다를 포기하고 육지에 있는 권율 장군과 합류하라고 합니다. 하지만 이순신 장군은 바다를 포기하면 곧 왜구의 손에 나라를 빼앗긴다고 생각했습니다. 우리나라는 3면이 바다로 접해 있는데 명량해전을 치른 남해를 내주면 서해를 통해 임금이 있는 한양까지 왜구가 쳐들어가는 것은 시간문제라고 생각했거든요. 그러나 이순신 장군에게 남은 것은 낡은 배 12척이 전부. 이미 왜구의 장수마저 두려워할 만큼 뛰어난 이순신 장군이었지만 불과 12척의 낡은 배로 330척을 갖고 있는 막강한 왜구와 전쟁을 치른다는 것은 누가 봐도 무모한 일이었죠. 그러나 이순신 장군은 임금에게 그 유명한 말을 했습니다.

"신에게는 아직 12척의 배가 남아 있사옵니다."

그리고 기세등등한 왜구 앞에서 주눅이 든 부하들에게 "살고자 하면 죽을 것이고, 죽으려 할 것이면 살 것이다."라고 외치며 앞장섰습니다. 그리고 명량대첩을 승리로 이끌어 나라를 구했습니다.

이순신 장군의 유적지는 명량대첩의 현장인 전남 진도 울돌목을 비롯해 여수, 해남, 경남 통영, 남해 등 남해안 전체에 걸쳐 있습니다. 이순신 장군이 수군통제사를 지냈기 때문이죠. 수군통제사는 임진왜란 중에 신설된 관직으로 충청도와 전라도, 경상도 등 3도의 모든 수군을 총지휘하던 직책을 말해요.

이순신 장군은 1545년 서울시 중구 인현동에서 태어났지만 어린 시절은 외가가 있는 충남 아산에서 보냈답니다. 지금의 현충사 자리에서 어린 시절을 보내고, 군인의 꿈을 키우면서 무예를 익혔죠. 현충사에는 이순신 장군이 결혼해서 살던 집이 있고, 그 옆으로는 은행나무 두 그루가 서 있는데 이곳은 이순신 장군이 활을 쏘던 자리였다고 합니다. 활터 주변은 이순신 장군이 말을 타던 곳이라고 해요.

현충사 입구에는 충무공이순신기념관이 있다. 이곳에서 충무공 일대기와 임진왜란 등에 대해 자세히 알 수 있다. 사진은 기념관 전경과 내부.

현충사는 1706년 임진왜란에 큰 공을 세운 이순신 장군을 기리기 위해 세워졌다.

현충사가 세워진 것은 숙종 임금 때인 1706년, 임진왜란 때 큰 공을 세운 이순신 장군을 기리기 위해 사당을 세웠답니다. 이듬해인 1707년에는 숙종 임금이 직접 현충사라는 이름을 지어줬고요. 대원군의 **서원철폐령***, 일제의 탄압 등으로 쇠퇴했었지만 1967년 현충사를 성역으로 조성함으로써 지금의 현충사 모습을 갖추게 됐어요.

2011년 문을 연 충무공이순신기념관은 전시관과 교육관으로 만들어졌어요. 전시관에는 거북선을 비롯해 당시 쓰던 무기, 이순신 장군이 쓰던 칼, 친필 〈난중일기〉 등 각종 유물과 자료 등이 전시돼 있어요. 어린이들에게 가장 인기 있는 것은 당연히 거북선이에요. 거북선이 어떻게 만들어졌는지 모형뿐만 아니라 그림, 영상 등으로 속속 들여다볼 수 있답니다.

이곳 기념관에서 가장 주목을 받는 것 중 하나가 이순신 장군이 쓴 〈난중일기〉랍니다. 〈난중일기〉는 2013년 6월 세계기록유산으로 등재됐어요. 임진왜란이 시작된 1592년 1월부터 노량해전에서 전사하기까지 무려 7년 동안의 전쟁기록을 담아 세계적으로 주목받는 자료지요. 〈난중일기〉에는 당시 사람들의 생활상, 기후, 환경 등이 모두 담겨 있어 여러 역사적 연구 자료로서 그 가치가 매우 크기 때문이랍니다. 예전에는 진본이 전시됐었으나 유네스코 권고에 의해 지금은 수장고에 따로 보관돼 있고 우리가 볼 수 있는 것은 복제본이랍니다.

아이들이 가장 좋아하는 곳은 4D 체험관. 이곳에서는 이순신 장군이 최후를 맞이한 노량해전을 4D영상과 움직이는 체험의자를 통해 실감나게 볼 수 있습니다.

충청남도 아산시 염치읍 현충사길 126 T. 041-539-4600
http://hcs.cha.go.kr/cha/idx/SubIndex.do?mn=HCS

+ 플러스 팁

서원 철폐령 서원은 조선시대의 대표적인 사학교육 기관이에요. 초기에는 인재 양성과 향촌의 유교질서 유지 등 긍정적 기능을 했죠. 그러나 점차 토지, 노비에 대한 면세와 면역 혜택을 받는 서원이 늘고 혈연이나 지연, 학벌, 당파 관계 등과 연결되어 폐단이 많아졌어요. 그러자 숙종 임금은 서원 설립을 금했고, 영조 임금도 일부 서원을 철폐했지요. 이후 1864년(고종1년) 집권한 흥선대원군은 왕권을 높이고, 병인양요로 궁핍해진 국가 재정에 도움이 되게 하려는 의도로 서원철폐령을 내립니다. 불법적인 서원의 재산을 환수하고, 서원에 하사한 토지에도 세금을 징수하게 했어요. 1870년에는 이 명령에 따르지 않는 서원을 철폐했고요. 결국 전국 650여 개 서원 중 소수서원 등 47곳만 남고 나머지는 모두 철폐됐어요.

13

안성 칠장사

조선3대 도둑 임꺽정,
이곳에서 의적으로 태어나다

도둑, 하면 어떤 생각이 떠오르나요? 아마도 다들 나쁘고 무서운 사람이라는 생각이 들 거예요. 남의 것을 훔치는 사람이니 당연하죠. 조선시대에는 세 명의 큰 도둑이 있었어요. 홍길동, 임꺽정 그리고 장길산. 조선시대 학자 이익은《성호사설》이라는 책에서 이들을 '조선의 3대 도둑'으로 꼽고 있답니다. 어떻게 도둑의 이름이 역사에 남게 되었을까요?

이들의 특징은 자신의 먹을 것을 위해서 도둑질을 한 사람들이 아니라는 점이에요. 탐관오리등 나쁜 사람의 재산을 빼앗아 가난한 백성에게 나누어주었던 의적이었거든요.

임꺽정이 무술을 익혔다는 칠장사에는 국보 · 보물급 문화재가 많다.

조선시대는 **신분사회***였어요. 특히 천민에 대한 차별이 심했던 때예요. 남의 집 종살이를 하는 등 천한 신분을 갖고 태어난 사람은 아무리 똑똑해도 공부를 할 수 없었고, 양반 밑에서 살아야 했어요. 홍길동은 첩의 자식이라 양반인 아버지를 아버지라 부르지 못했고, 광대와 백정이었던 장길산과 임꺽정은 천한 직업이라 사람들의 멸시를 받아야 했어요. 누구도 평생 그렇게 살고 싶지는 않았지만 나라 법이 그러니 어쩔 수 없었죠.

이들은 자신의 신분 때문에 억울하게 살아가는 것이 불만스러웠어요. 특히 탐관오리들의 모습이 이들을 화나게 했답니다. 가난한 백성들은 점점 가난해지는데 나라살림을 하는 사람들이 세금이라는 명분으로 재물을 거둬가 자기들 배를 불렸거든요. 이들은 뜻을 같이하는 사람들과 함께 관청이나 양반집을 쳐들어갔어요. 그리고 훔친 물건들을 자기들만 위해서 쓰는 것이 아니라 가난한 백성들에게도 나눠줬죠.

나라에서는 이들 도둑들이야말로 큰 큰 골칫거리였죠. 도둑질이 한 번에 끝나는 것이 아니라 여기서 번쩍, 저기서 번쩍 하면서 양반집이나 탐관오리집을 털고, 심지어 대궐로 들어가는 상납품을 길목에서 막아서서 빼앗아가니 이들을 소탕하기 위해 적잖은 군력을 낭비해야 했죠. 그러나 가난한 백성들 입장에서 이들은 그야말로 의로운 도적이었어요. 그렇게 빼앗은 것들을 나눠줬으니까요.

오늘 가볼 곳은 의적 임꺽정이 스승 병해대사를 만나 글과 무술을 배웠던 경기도 안성의 칠장사예요. 칠장사는 오랜 역사를 가진 절로 국보 제 296호인 오불회괘불탱 등 국보 · 보물급 문화재가 많은 곳이에요. 창건 시

계곡이 아름다운 강원도 철원 고석정은 임꺽정이 무술을 닦고 은신했던 곳이다.

기는 정확하게 밝혀지지 않았으나, 고려시대인 1014년 혜소국사가 왕의 명령을 받아 중건했다는 설이 있어요. 1389년 왜구의 침입으로 불탄 것을 1506년에 다시 지었고요.

전염병이 돌고 흉년으로 먹을 것이 부족해 사람들이 죽어나가는데도 불구하고 백성들의 것을 더 빼앗으려는 양반들을 보고 소와 돼지를 잡던 임꺽정은 뛰쳐나왔습니다. 그리고 자신과 뜻을 같이하는 사람들을 모았습니다. 그는 특히 힘이 장사였어요. 힘에 무술을 익히고, 지혜를 더했죠.

그는 자신을 따르던 7명의 도적과 함께 뛰어난 능력을 갖고 있다는 칠장사의 병해대사를 찾아갔습니다. 병해대사 역시 가죽신을 만들던 갖바치 출신이었으므로 백정이었던 임꺽정이 도적이 된 것을 이해하고 그들을 제자로 받아들였죠. 칠장사 명부전에는 임꺽정과 7인의 도적들이 병해대사를 만나는 모습, 힘이 장사인 임꺽정이 바위를 들어 올리는 모습들이 그려져 있습니다.

이곳 칠장사에서 병해대사를 통해 임꺽정은 힘만 장사였던 도둑에서 큰 도둑으로 다시 태어납니다. 임꺽정은 탐관오리들이 토지세나 왕에게 바친다는 명분으로 가난한 백성들로부터 거둬가는 재물을 빼앗았습니다. 그렇게 빼앗은 재물들은 먹을 것이 없는 가난한 백성들에게 나눠줬습니다. 그래서 '칠장사 아랫마을 사람들 중에는 굶주리는 사람이 없었다'는 말까지 돌았다고 해요.

임꺽정은 그가 살던 황해도를 중심으로 경기도, 평안도, 심지어 서울까지 그 활동영역을 넓혀갔습니다. 백성들 사이에서는 임꺽정을 영웅시하는 사람들이 나오기 시작했습니다. 당장 굶어죽고 있는데 먹을 것을 주고 입을 것을 주었으니 당연했죠. 그럴수록 나라에서는 임꺽정을 하루빨리 잡아야 했지만 날쌔고 지혜롭고 용맹스러운 그를 잡기란 쉽지 않았습니다. 그를 더욱 잡기 힘들었던 것은 임꺽정 무리는 모이면 도적떼가 되지만 흩어지면 일반 백성이 되었기 때문입니다. 도둑질을 하고 싶어서 도둑이 된 것이 아니라, 당장 배고픈 것을 해결하기 위해서 백성이 도둑이 될 수밖에 없었던 거죠.

그러나 관군이 나서서 대대적인 토벌작전에 나서자 1562년 1월 임꺽정은 붙잡히고, 15일 만에 죽고 맙니다. 임꺽정은 관군에게 쫓길 때 곧잘 이곳 칠장사에 몸을 숨기곤 했다고 합니다.

임꺽정의 이야기를 만날 수 있는 또 다른 곳은 강원도 철원의 고석정이에요. 임꺽정이 무술을 닦고 은신했던 곳으로서, 아름다운 계곡으로 유명한 곳이랍니다. 가난한 백성들에게 영웅으로 불리며 꿈을 줬던 의적 임꺽정. 그의 이야기는 작가 홍명희의 소설 《임꺽정》을 비롯해 영화, 드라마, 만화 등으로 태어났습니다.

경기도 안성시 죽산면 칠장로 399-18 T. 031-673-0776
http://www.chiljangsa.org/

+ 플러스 팁

신분사회 조선시대에는 양반, 중인, 상민, 천민으로 그 계급이 나눠졌어요. 크게는 양반과 천민이었지만, 그 사이에 중인과 상민을 둔 것은 천민이 함부로 양반이 될 수 없도록 나름 계급을 만든 것이라고 해요. 양반은 과거 시험을 볼 수 있는 자격이 생겨 고위관직에 오르는 등 지배자 계급인 반면, 천민은 글도 배울 수 없었죠. 중인은 양반 아래 신분으로 관청에서 일을 하거나, 통역(역관), 병을 고치는 일(의관) 등의 일을 하는 사람들을 말해요. 지금의 전문직종인 셈이죠. 상민은 농사를 짓거나 장사를 하는 사람들을 말하고, 천민은 노비를 비롯해 광대, 무녀, 악공, 백정 등 천한 일을 하는 사람들을 말해요. 당시엔 예술가들도 모두 천민이었답니다.

14

진주 촉석루 의암

불보다 뜨거웠던
논개의 충성심

경상남도 진주에는 400년 전인 1593년 임진왜란이 일어났을 때 논개가 일본 장수를 끌어안고 강으로 떨어진 바위가 있답니다. 이 바위 이름은 의암義巖, 즉 의로운 바위라는 뜻이에요. 이 바위 이름은 본래 위암이었는데 1629년 선비 정대륭이 논개의 충절을 기리며 바위 벽에 의암이라는 글자를 새기면서 의암으로 불리기 시작했답니다.

의암은 진주성 안 **촉석루*** 절벽 아래에 있어요. 그래서 의암을 보려면 촉석루 아래로 내려가야 해요. 의암은 너비가 약 3m 정도로 그리 크지 않은데, 이 바위가 촉석루 절벽 가까이 들러붙을 정도로 가까이 오면 나라에 재앙이

논개가 일본 장수를 끌어안고 강으로 떨어진 바위 의암. 바위벽에 의암이라는 글자가 새겨져 있다(위).
진주성 안에 있는 진주박물관은 임진왜란사 전문박물관으로 고 김수근 선생이 설계한 건물이다(아래).
논개를 기리는 사당 의기사는 나라에서 여성을 위해 처음 지은 사당이다(우).

생긴다는 전설도 전해진답니다.

논개가 태어난 곳은 전라북도 장수군 장계면 대곡리라는 곳이에요. 논개의 생가로 알려진 곳은 수몰되어 근처에 생가를 복원해 놓고 있죠. 이곳에는 생가 외에도 동상과 기념관 등이 세워져 있어요. 논개는 이곳 장수 현감으로 있던 최경회의 집에서 일하다 최경회의 부인이 죽자 두 번째 부인이 되었다고 해요.

백제 시대 때 건립된 진주성. 고려 시대 때 왜구의 침략을 대비, 돌로 성을 쌓았다.

1592년 임진왜란이 터지자 최경회는 의병장이 되어 전쟁터로 나가게 됐어요. 최경회는 왜군과 싸우면서 큰 공을 세웠고, 경상우도 병마절도사로 승진까지 했습니다. 그러나 제2차 진주성 싸움에서 진주성을 빼앗기자 남강에 떨어져 죽고 말아요.

진주성에서의 싸움은 크게 1차와 2차로 나뉘어요. 진주성 전투는 이순신 장군의 한산도대첩, 권율장군의 행주대첩과 함께 3대 대첩으로 불릴 만큼 큰 전쟁이었죠. 1592년 10월에 있었던 진주성 1차 싸움에서는 왜군을 크게 물리쳤는데 이때 큰 공을 세운 사람이 김시민 장군이에요. 진주성 입구에 김시민 장군의 동상이 크게 세워져 있답니다. 그러나 1593년 6월 이듬해 벌어진 진주성 2차 싸움에서는 전원이 전사하고 말았답니다. 논개의 남편이었던 최경회 장군도 바로 이 싸움에서 진 후 죽은 것이죠.

왜군들은 진주성을 빼앗고 전쟁에서 이기자 촉석루에서 축하 잔치를 벌였어요. 논개는 남편과 나라의 원수를 갚기 위해 관기, 즉 나라의 기생이 되어 잔치에 참석했어요. 기생이란 술자리에서 술을 따르고 노래를 부르고 춤을 추는 등 흥을 돋우는 일을 하는 여성들을 말해요. 옛날에는 천한 직업으로 여겼죠.

논개는 술에 취한 왜장 게야무라 후미스케를 촉석루 아래 바위에서 꼭 끌어안은 채 남강으로 떨어졌어요. 혹시라도 왜장을 껴안은 팔이 풀어질까 논개는 논개는 열 손가락에 모두 가락지를 끼었다고 합니다. 논개를 흔히 의기義妓, 즉 의로운 기생이라고 말하는 것은 바로 이런 이유 때문이죠. 진주교 다리에는 논개의 쌍가락지 상징물이 설치돼 있어 논개의 정신을 기리고 있어요.

1740년영조 16년, 진주성 안 촉석루 아래에 논개를 기리는 '의기사'라고 하는 사당을 짓고 논개의 모습을 담은 영정과 위패를 모셨어요. 나라를 위해 목숨을 바쳤다는 것을 나라에서 인정을 해준 것이죠. 의기사는 나라에서 여성을 위해 처음 지은 사당이라는 점에서 큰 의미를 갖고 있습니다.

의기사의 논개 초상은 1960년부터 이당 김은호 화백이 그린 것이 오랫동안 걸려 있었으나 고증이 잘못됐다는 등의 이유로 지난 2008년 석천 윤여환 화백이 그린 그림으로 교체됐어요. 생가가 있는 전북 장수군의 기념관 그림도 이때 함께 바뀌었답니다.

논개에 대해서는 조선시대 다산 정약용, 매천 황현을 비롯한 여러 문인들이 노래했어요. 현대에도 시와 소설로 많이 지어졌는데 가장 유명한 시가 현대시인 변영로의 '논개'랍니다. '거룩한 분노는/종교보다도 깊고/불붙는 정열은/사랑보다도 강하다'라고 시작되는 이 시는 오래 전부터 중고등학교 교과서에 실려 있었거든요.

진주성은 밤이면 촉석루 주변으로 불을 밝혀 더욱 아름다워요. 진주성 안에는 임진왜란사 전문박물관이라고 불리는 국립진주박물관이 있어요. 특히 이 건물은 우리나라 최고의 건축가 중 한 사람인 고 김수근 선생의 작품으로도 유명하답니다.

경상남도 진주시 본성동 500 진주성 T. 055-749-2480
입장료 어른 2,000원 청소년 1,000원 어린이 600원(진주성 안에 있는 국립진주박물관 입장료 포함)

+ 플러스 팁

촉석루 우리나라 3대 누각이라고 하면 밀양 영남루, 평양 부벽루, 그리고 진주의 촉석루를 꼽습니다. 고려 공민왕 14년인 1365년에 세워졌는데 전쟁 때는 진주성을 지키는 지휘본부로, 평상시에는 풍류를 즐기거나 과거를 치르는 고시장으로 쓰였답니다. 고려시대에 지어진 만큼 여러 차례 다시 짓고 보수를 할 수밖에 없었는데 특히 6.25 전쟁 때 불타 없어지는 바람에 지금의 건물은 1960년에 다시 지어졌어요.
촉석루는 국보 276호였다 불에 타는 바람에 국보 자격을 잃고 말았어요. 현재는 경상남도 문화재자료 제8호로 지정돼 있답니다. 그런데 다시 고증을 거쳐 완벽하게 복원을 마친 만큼 다시 국보로 지정돼야 한다는 주장이 있어요. 우리나라 보물 1호인 남대문이 불에 탔다 복원된 후 다시 국보로 지정됐으므로 촉석루 역시 다시 보물로 지정돼야 한다는 것이죠.

15

제주 하멜선상기념관

조선을 서양에 알린 하멜,
네덜란드 무역상이었다

옛날 서양 사람들은 동양이란 나라에 대해 참 궁금했어요. 물론 우리나라를 비롯한 동양 사람들도 서양이 궁금했겠지요. 지금처럼 비행기를 타고 훽 날아갈 수도 없고, 인터넷으로 알아볼 수도 없고. 옛날 서양 사람들이 궁금했던 동양, 그중에서도 잘 알려지지 않은 조선이란 나라에 대해 궁금증을 풀어줬던 책 중 하나가 바로《하멜 표류기》였답니다.

《하멜 표류기》를 쓴 사람은 네덜란드 선원 헨드릭 하멜입니다. 제목에서 볼 수 있듯 하멜이 뜻하지 않게 표류하다 조선에 머물게 된 과정을 쓴 책이죠. 그 옛날 네덜란드 사람이 우리나라까지 어떻게 왔을까 궁금하죠?

하멜은 해상무역을 하던 동인도회사 직원이었답니다. 당시 동인도회사는 유럽 사람들이 좋아하던 중국과 일본의 향신료와 비단, 도자기 등을 갖다 팔던 굉장히 큰 회사였어요. 하멜은 취직해 고향을 떠나 동인도회사 본사가 있던 바타비아지금의 인도네시아 자카르타로 갔답니다. 처음에는 포수로 취직했지만 글을 잘 쓰고 이것저것 아는 게 많아 곧 서기로 승진했어요.

1653년 하멜은 상선 스페르웨르호를 타고 타이완을 거쳐 일본 나가사키로 출발했어요. 이 배에는 하멜을 비롯해 64명이 타고 있었지요. 그런데 타이완을 출발한 배가 우리나라 근처에서 그만 풍랑을 만나고 말았어요. 배는 부서지고 사람들은 바다를 떠다니다가 땅을 디딘 곳이 제주도 **용머리 해안***이랍니다.

해안 모양이 마치 용이 바다 속으로 들어가는 모양을 닮았다 해서 이름 붙여진 용머리 해안은 **산방산***을 뒤로 하고 켜켜이 쌓인 사암층이 장관을 연출하는 아주 멋진 곳이랍니다. 하멜 일행은 아마 네덜란드에서는 볼 수 없었던 이 제주 해안을 보고 혹시 이곳이 천국이 아닐까 생각하지 않았을까요?

이곳 용머리 해안에는 이들 하멜을 비롯해 36명의 일행이 표류하다 제주도에 도착한 것을 기념하는 하멜기념탑과 하멜선상기념관이 있어요. 제주올레길 10코스를 걷다 보면 자연스레 산방산 아래 용머리 해안을 끼고 돌아 하멜기념탑을 만나고, 조금 더 걸어가면 하멜선상기념관을 만날 수 있답니다.

하멜 선상기념관은 옛날 유럽 배의 모양을 하고 있어요. 표류하던 하멜이 제주도에 도착한 350주년을 기념해 2003년 8월에 설립됐는데, 네덜란드 바타비아 광장에 전시돼 있는 바타비아호를 모델로 똑같이 만들었다고 해요.

하멜 일행이 표류하다 땅을 디딘 용머리 해안. 뒤에 보이는 것이 산방산이다.

커다란 배 안은 2개의 전시실로 되어 있는데 한 곳은 하멜 일행이 생활했음직한 생활소품과 모형 들, 동인도회사 관련자료 등이 있고, 다른 한 곳은 하멜과 같은 네덜란드인으로서 월드컵 4강 신화를 이뤄낸 히딩크 감독에 관한 것들이 전시돼 있어요. 배 안을 이곳저곳 둘러보다 보면 옛날 배를 타고 항해했을 유럽 사람들의 모습을 떠올릴 수 있어요.

하멜은 제주도를 떠나 한양으로 올려 보내져 훈련도감에서 포로로 지내

산방산 아래에 있는 하멜기념탑(좌), 하멜선상기념관 옆에 있는 하멜 동상(우).
뒤로 펼쳐진 해안이 용머리해안이다.

다 전라남도 강진, 여수 등에 유배되어 13년 동안 살았답니다. 나라에서 준 땅을 일구기도 했고, 기근이 들었을 때는 먹을 것이 없어 동냥도 했다고 해요. 고향으로 가고 싶었지만 돌아갈 수 없었던 하멜은 조선에 온 지 13년 만에 함께 생활하던 8명의 동료들과 일본 나가사키로 탈출합니다. 마침 나가사키에는 하멜이 근무하던 동인도회사에서 운영하는 상점이 있어 하멜은 이곳을 통해 미처 탈출하지 못한 사람들을 석방시켜 함께 1668년 네덜란드로 돌아갔답니다.

고향으로 돌아간 하멜은 자신을 비롯해 동료들이 13년 동안 조선에 억류되어 있었음에도 불구하고 급여를 받을 수 없게 되자 회사에 낼 보고서를 자세하게 작성했어요. 그것이 바로 우리가 알고 있는《하멜 표류기》랍니다. 자기가 억류됐던 조선이란 나라가 어디에 있는지, 사람들은 어떻게 사는지, 교육은 어떻게 하는지, 가까운 일본과 중국과의 교역은 어떤지 등을 쓴 거예요. 이 보고서는 책으로 출판되어 네덜란드뿐만 아니라, 유럽에서 크게 인기를 얻으며 조선을 알리는 큰 계기가 됐답니다.

하멜을 기념하는 곳은 이곳 말고도 7년간 머물렀던 강진에 전라병영성 하멜기념관이, 탈출하기 직전까지 3년간 머물렀던 여수에는 하멜기념관이 있어요. 하멜은 수백 년이 지난 지금도 인기가 많은 셈이죠.

제주특별자치도 서귀포시 안덕면 사계리 용머리해안 언덕

+ 주변 가볼 만한 곳

용머리 해안

수천만 년 동안 시간이 만들어낸 절경입니다. 용머리해안은 바다를 바로 접하고 있어서 바람이 많이 불거나 파도가 심한 때는 들어갈 수 없어요. 따라서 날씨가 심상치 않을 때는 산방산 용머리해안 관리소(T. 064-794-2940)에 전화해서 들어갈 수 있는지 확인하는 것이 좋죠.

산방산

용머리해안 뒤로 병풍처럼 펼쳐진 산이에요. 형태가 특이해서 멀리서도 금세 알아볼 수 있어요. 산방산에는 산방굴이라는 자연석굴이 있는데 그 안에 불상이 설치돼 있어 산방굴사라고도 합니다. 산방굴사 안 암벽에서는 물방울이 떨어지는데 이것은 산방산의 암벽을 지키는 산방덕이라는 여신이 흘리는 눈물이라고 전해진답니다. (입장료는 용머리해안과 산방굴사 합해서 성인은 2,000원 / 청소년 및 어린이 1,000원.)

16

남양주 다산 정약용 생가

조선의 건축역사를 바꾼
거중기 발명

경기도 양평 양수리는 남한강과 북한강이 만나는 한강이 되는 곳입니다. 순우리말로는 두물머리라고 하지요. 인근에 있는 운길산 수종사에 올라가면 두 개의 강이 하나로 만나는 장엄한 장면을 한눈에 볼 수 있습니다. 10대 시절, 집에서 가까운 이곳 수종사에 자주 올라 한강을 바라보며 호연지기를 키우고 시를 지은 사람이 있습니다. 바로 조선시대 최고의 학자, 특히 실학을 집대성한 다산 정약용1762~1836입니다. **수원화성*** 건설 계획을 세운 사람이기도 하죠.

다산 정약용은 나라를 다스리는 사람들이 꼭 읽어야 할 책을 꼽을 때 첫 번째로 꼽히는 《목민심서》를 지은 사람이기도 해요. 당시 지방관들을 위해

복원된 정약용 생가. 생가 뒷동산에 묘소가 있다.

정약용이 수원화성을 건설할 때 만든 거중기.

쓴 이 책에는 지방관으로서 지켜야 할 준칙들이 기록되어 있는데 국민을 위해 일하는 사람들이 지켜야 할 덕목과 자세 등이 오늘날에도 똑같이 적용되기 때문이랍니다.

정약용 생가는 남양주시 조안면에 있습니다. 생가 여유당을 중심으로 위에는 묘역이 있고, 아래로 다산기념관, 다산문화관 등 다산 유적지가 잘 조성됐습니다. 길목에는 수원화성을 만들 때 정약용이 만든 거중기 모형이 있습니다. 이 거중기 덕분에 10년을 예상했던 수원화성 건축기간을 무려 2년 7개월로 대폭 줄일 수 있었지요.

여유당은 야트막한 담이 정겨운 전형적인 조선시대 기와집입니다. 집을 통해 사람의 성격을 엿볼 수 있다고도 하는데, 여유당에서는 다산의 청렴하고 소박한 생활을 엿볼 수 있습니다. 원래 집은 홍수로 떠내려가는 바람에 다시 복원한 것이랍니다.

여유당은 정약용의 당호본명 이외에 부르는 이름인데, 그 뜻이 아주 깊습니다. 즉 '한겨울에 언 냇물을 건너는 것같이 주저하면서 사방의 이웃을 두려워하며 산다'라는 뜻으로 노자에 나오는 구절이라고 합니다. 이 호는 매사에 더욱 더 신중하게, 심사숙고해서 행동하고 말을 하라는 의미에서 정약용이 스스로 지었답니다.

젊은 시절 임금 정조의 은총을 받아 수원화성 축조 등 나라의 굵직한 일을 맡아 했지만 갑작스런 정조의 죽음 이후 탄탄대로였던 그의 삶에는 시련이 닥치고 맙니다. 천주교 박해가 시작되면서 한때 천주교에 심취했다는 이유로 무려 18년 동안이나 전라남도 강진으로 유배를 떠나 가족과 생이별을 하며 살아야 했거든요.

비록 관직에서 물러나 나랏일은 하지 못했지만 자신을 끊임없이 돌아보며 정약용은 유배지에서 많은 글을 썼습니다. 《목민심서》를 비롯한 책을 무려 500여 권이나 유배지에서 쓰면서 자신의 학문세계를 완성했거든요. 그래서 후대의 학자들은 만약 정약용이 유배를 당하지 않았다면 과연 이 많은 학문적 업적을 이룰 수 있었을까 생각한답니다. 물론 관직에 그대로 있었다면 또 다른 업적으로 쌓았겠지요.

정약용은 학자이고 관료이기 이전에 한 아버지였습니다. 유배지에서 혼자 생활하면서 늘 고향에 있는 두 아들을 염려했던 정약용은 두 아들에게 편지를 썼습니다. 폐족조상이 큰 죄를 짓고 죽어 그 자손이 벼슬을 할 수 없게 됨. 또는 그런 족속이 되었으니 혹시라도 아들들이 놀림을 받을까, 생각을 잘못하지는 않을까 아버지로서 걱정하지 않을 수 없었을 테니까요.

정약용은 아버지로서 가르쳐야 할 도리를 편지로 대신했습니다. 그 편지에는 세상의 모든 아버지들이 자식에게 바라는 따뜻한 마음이 그대로 담겨 있어 지금 우리에게도 큰 가르침이 됩니다. 공부를 열심히 하고, 몸가짐을 바로 하고, 뜻을 세우는 것들이 단순히 자신만을 위한 것이 아니라는 큰 깨우침을 주기 때문이죠. 《유배지에서 보낸 편지박석무 역, 창비》가 바로 그 책입니다.

여유당 옆에 있는 다산문화관에 들어가면 다산의 일생을 소개하는 영상물을 볼 수 있어요. 조금 더 쉽게 다산에 대해 알 수 있죠. 밖에 있는 다산 기념관에 가면 다산의 친필 편지와 대표 저서 사본도 볼 수 있고, 1/4 크기의 거중기와 1/2 크기의 녹로도 구경할 수 있답니다. 거중기와 녹로의 과학적 원리를 보는 것도 아주 흥미롭죠. 또 바로 옆에 실학박물관이 있는데, 그곳에 가면 실학에 대해 좀 더 자세하게 공부할 수 있답니다.

경기도 남양주시 조안면 다산로 747번길 11 T. 031-576-9300 관람료 무료

+ 함께 가볼 만한 곳

수원화성

경기도 수원시 장안구 연무동 190 T. 031-290-3600 관람료 어른 1,000원 청소년 700원 어린이 500원

정조가 아버지 사도세자의 능인 융건릉을 양주 배봉산(지금의 서울 휘경동, 서울시립대 뒷산) 자리에서 경기도 화성시 안녕동으로 옮기고 화성 안에 능행을 위해 만든 행궁이 수원화성이랍니다. 1794년 2월에 축조를 시작해 1796년 9월에 완공됐는데 당시로서는 최첨단 기자재인 거중기, 녹로, 유형거, 활차 등을 이용해 단기간에 축성했습니다. 1997년 12월 유네스코 세계유산으로 등재됐으며, 근처에 있는 수원화성박물관(http://hsmuseum.suwon.go.kr/)에서 수원화성 축성과정 등을 보다 자세히 알 수 있어요. 당시 새로운 기구였던 거중기와 녹로, 유형거 등을 직접 만들어보며 화성 축성 기구의 원리를 쉽게 이해할 수 있는 체험교육실도 있습니다.

17

제주 추사 유배지

붓 1000자루 닳도록 쓴 추사의 얼,
유배지에 서려 있다

우리나라 서예 역사상 가장 유명한 사람은 누구일까요? 모든 사람들이 첫 손가락에 꼽는 사람이 바로 추사 김정희1786~1856입니다. '추사체'는 김정희 선생의 글씨체를 말하는 것으로서, 추사는 김정희의 호입니다. 추사는 조선시대 역사상 학예일치, 즉 학문과 예술이 조화를 이루는 경지에 이르렀다는 평가를 받고 있죠.

오늘 가볼 곳은 추사 김정희 선생이 8년 3개월간 유배생활을 했던 제주도 대정에 있는 추사유배지입니다. 이곳에서 추사는 벼루 10개가 닳도록, 붓 1000자루가 몽당붓이 되도록 글씨를 썼다고 해요. 그러면서 최고의 필체인 추사체를 완성했고, 국보 제180호인 '세한도'를 그렸습니다. 세한도에는 잣나무 세 그루와 소나무 한 그루, 그리고 작은 집 한 채가 그려져 있습니다. 이 그림의 원래 크기는 세로 23cm, 가로 61.2cm. 아주 작은 그림이었습니다.

추사가 이 그림을 그린 것은 1844년. 춥고 황량하고 외로운 제주 유배지에 있는 자신을 위해 새 책을 갖다 주고 청나라의 새로운 학문과 세상 돌아가는 이야기를 전해주는 **역관*** 이상적에게 감사의 마음으로 그려준 것입니다. 역관은 통역을 하는 사람을 말하는데, 추사의 제자이기도 했던 이상적은 통역뿐만 아니라 글도 잘 지어 조선 제24대 왕 헌종이 그의 시를 욀 정도였고, 중국 청나라 문인들이 그의 문집을 만들어줄 정도였다고 합니다.

세한도는 '겨울 당한 후에 소나무, 잣나무가 다른 나무보다 뒤에 시드는 것을 안다'는 논어에 나오는 한 구절을 갖고 지었어요. 좋은 자리에 있을 때와 변함없이 귀양살이하는 자신을 대하는 이상적의 의리를 생각한 것이죠.

억울한 귀양살이. 어려서부터 친하게 지내고 그리고 언젠가는 자신을 구해줄 수도 있을 것이라고 믿었던 친구 김유근이 죽고, 젓갈과 인절미 등을 보내주고 유일하게 인간적인 투정을 부릴 수 있었던 부인도 죽은 후, 반듯하고 꼿꼿한 선비였던 김정희 선생은 자신의 처지가 더없이 추웠습니다. 세한도는 그의 그런 모습을 표현한 것이지요.

이상적은 세한도를 갖고 청나라로 가서 문인들에게 보여줬답니다. 당시 청나라 최고 문인들은 이 그림을 보고 다들 이상적의 의리와 추사와의 우정, 그리고 추사의 글씨체와 그림 등에 감탄하며 16명이 그에 대한 감상문을 적어서 붙였습니다. 여기에 이상적은 감상문을 받게 된 이야기를 적어 붙였죠.

추사가 머물렀던 초가와 세한도를 모티브로 한 추사관. 과거와 현재가 잘 어울린다.

이후 조선으로 돌아온 세한도에는 근현대에 이르러 독립운동가였던 이시영, 오세창, 정인보 등이 감상문을 또 적어 붙여 현재 길이는 14m나 된답니다.

세한도는 이후 이리저리 떠돌다 추사의 연구가였던 일본의 후지즈카 집안에서 100년 동안 보관되다 서예가 손재형 씨에 의해 다시 우리나라로 들어와 지금은 국보로 지정, 국립중앙박물관에 보관돼 있죠.

추사 김정희의 집안은 조선 시대 최고의 명문가 중 하나였습니다. 증조부 김한신이 조선 제21대 왕인 영조의 사위였고, 아버지 김로경은 순조의 맏아들이었던 효명세자의 최측근이었습니다. 글씨를 잘 쓴다고 알려진 것은 6살 때. 남다른 총기와 글씨도 잘 쓰는 추사를 보고 조선시대 유명한 실학자 박제가는 추사가 16살 때 제자로 받아들였다고 해요. 추사는 24세 때 아버지를 따라 청나라 수도였던 북경으로 가서 당시 청나라 학문의 중심을 이루고 있던 학자들과 만나 이후 자신의 학문 세계를 정립해나갑니다.

추사는 30살 때 과거에 합격해 큰 벼슬에 오르기도 했지만 당파 싸움에 휘말려 제주도로 귀양을 떠나게 됐어요. 그의 나이 54세 때였죠. 경학, 금석학, 불교학, 서예, 그림 등 다방면에 자신의 학문적 체계를 마련한 추사는 그것을 제대로 펼쳐보지 못한 채 귀양살이를 떠나게 된 것이죠.

제주도는 지금은 비행기 타고 1시간이면 가지만 옛날에는 궁궐이 있는 한양에서 가장 멀 뿐만 아니라 배를 타고 가야 하는 곳이었어요. 그래서 이곳으로 많은 사람들을 귀양보냈어요.

당시 김정희의 귀양살이는 위리안치, 즉 가시로 울타리를 만들고 그 안에서만 생활해야 했어요. 그래서 집 주변이 가시 돋힌 탱자나무가 심겨져 있답니다. 죄인이 달아나지 못하도록 이런 조치를 취한 것이죠. 좋은 집안에서 귀하게 자라 학문을 연구하던 선생은 이곳에서 스스로 먹을 것을 해결하면서 온갖 잔병치레를 겪어야 했어요. 억울한 귀양살이, 추사는 다시 한양으로 올라가기를 바라며 한편으로는 피를 토하는 심정으로 학문을 연마하고 글을 썼다고 해요. 마을 청년들에게는 학문과 서예를 가르치기도 했죠.

지금 추사유배지에 있는 초가는 4 · 3항쟁 때 불탔던 것을 고증에 따라 다시 지은 것이고, 그 앞에 있는 제주추사관은 2010년 기존에 있던 추사유물전시관을 재건립한 것이에요. 제주추사관은 세한도에 나오는 집을 모티브로 단아하고 강직한 느낌이랍니다. 특히 가운데 난 동그란 창은 세한도에 나오

추사적거지 비와 복원된 생가. 추사는 이곳에서 피를 토하는 심정으로 학문을 연마하고 글을 썼다고 한다.

는 모양과 같아요. 건축가 승효상 씨가 설계했으며 추사가 머물렀던 초가집 앞에 있어요. 새로 지은 건물임에도 불구하고 초가집과 마을과 그 옆 대정성 벽과도 어울리는 아름다운 건물이랍니다. 그 외 추사에 대한 유적지는 추사가 태어나고 자란 충남 예산의 추사고택, 유배에서 풀려난 후 말년을 보낸 과천에 세워진 추사박물관 등이 있어요.

제주도 서귀포시 대정읍 추사로 44 T. 064-760-3406
추사관 입장료 어른 500원, 청소년 및 어린이 300원

+ 플러스 팁

역관 역관은 고려 · 조선 시대에 통역과 번역 등을 담당하던 관리를 말해요. 주로 중국과 일본, 몽골, 여진과의 외교에서 통역 업무를 맡았지요. 역어지인, 설인, 상서 등으로도 불렸어요. 역관은 중국 등을 오가며 학문을 넓히고 무역활동에 뛰어들어 지식 · 경제력 측면에서 양반 계층에 뒤지지 않았으나, 늘 중인 계급으로 대우받는 것에 불만을 가졌다고 해요. 그래서 조선 후기 신분 해방을 위해 적극적으로 나서고, 근대화 흐름을 주도적으로 이끌기도 했어요.

18

인천 차이나타운

개항 직후 모여든 화교들이
만든 짜장면의 고향

짜장면의 고향은 중국이 아니라 우리나라 인천입니다. 인천에는 '한국 속의 작은 한국'이라 불리는 차이나타운이 있는데 이곳이 바로 짜장면이 태어난 곳이거든요. 이곳에 가면 100년이 넘도록 고유의 문화를 간직하고 살아가는 화교들이 있어 중국 문화 체험은 물론, 우리나라 조선시대 말기와 근현대로 이어지는 동안의 중국과 일본과의 관계에 대해서도 엿볼 수 있답니다.

차이나타운에 있는 짜장면박물관은 이곳에서 처음 짜장면을 팔았다고 전해지는 '공화춘'이라는 음식점 건물이었어요. 이곳에 가면 짜장면이 어떻게 만들어지고 어떻게 전 국민의 음식이 되었는지 잘 설명되어 있죠.

중국음식점에서 먹을 수 있어 중국음식인 줄 알았는데 짜장면 고향이 인천이라니 조금 이상하죠? 사실 중국에는 짜장면이 없습니다. 대신 중국에는 작장면이란 게 있어요. 작장면은 춘장에 야채를 넣고 비벼 먹는 것으로 짜장면과는 그 모양과 맛이 다르지요. 처음 작장면은 중국 전국에서 먹던 음식이 아니라, 산동 지방에 사는 사람들이 주로 먹던 것이라고 해요.

그렇다면 왜 중국이 아닌 차이나타운에서 처음 짜장면이 만들어졌을까요? 짜장면의 역사는 이곳 차이나타운의 역사의 일부이기도 하답니다. 처음 이곳에 화교가 살기 시작한 것은 1882년 임오군란 때부터였어요. 임오군란을 진압하기 위해 청나라 군대가 들어왔는데 이때 상인들도 들어왔지요.

군인들을 상대로 장사를 하던 이들은 점차 사람들이 많아지고 상거래가 활발해지자 처음 40여 명에 불과했던 중국인은 이듬해인 1883년 인천 개항과 더불어 점차 늘어나기 시작했어요. 인천이 조계지역치외법권 지역이 되면서는 그 수가 급증해 불과 10년도 채 안 된 1890년에는 무려 1000여 명에 이를 정도가 됐답니다. 화교가 많아지자 이곳에 당시 청나라 관청이 생길 정도였죠.

인천은 개항 직후 청나라뿐만 아니라 일본, 러시아, 미국 등 강대국들이 몰려들던 곳이었답니다. 특히 중국 산동 지역은 인천과 뱃길이 트여 비교적 오기 쉬웠고, 인천에 가면 돈을 벌 수 있다고 해 그곳 사람들이 많이 왔어요. 그들은 주로 인천항을 통해 들어오는 많은 물자들을 나르는 짐꾼이나 인력거꾼으로 일을 했죠. 1905년 공화춘에서는 산동 지역에서 온 사람들이 먹던 작장면 춘장에 캐러멜 소스를 섞어 판매하기 시작했답니다. 바로 짜장면

차이나타운 안에 있는 짜장면박물관. 안에 들어가면 옛날 짜장면집 풍경등을 볼 수 있다.

인천개항박물관에서는 개항 당시 인천 풍경과 다양한 자료들을 볼 수 있다(좌).
100년이 넘는 역사를 가진 화교 중산학교 담벼락에는 삼국지 벽화가 그려져 있다(우).

이 시작인 셈이죠.

지하철 1호선 종점인 인천역에 내리면 차이나타운이 곧장 눈에 들어옵니다. 아주 커다랗고 화려한 중국식 대문 패루가 바로 차이나타운이라는 것을 한눈에 알게 해주죠. 문 안에 들어서면 곳곳에 걸린 홍등과 고소한 냄새가 일품인 일명 공갈빵으로 불리는 중국식 빵, 속이 꽉 찬 월병, 화덕에 구워 파는 각종 소가 들어간 만두들. 여기에 가게마다 화려한 색상들을 뽐내며 걸려 있는 중국 전통의상 치파오, 중국 전통 차와 찻잔들이 가득해 순간 중국으로 훽 날아온 느낌이 든답니다.

차이나타운에는 화교들이 오랫동안 살았던 만큼 1901년에 개교한 100년이 넘는 역사를 갖고 있는 화교 중산학교가 있어요. 옛날 청나라 영사관으로 쓰던 건물이랍니다. 이 학교 담에는 재미있는 그림이 그려져 있어요. 바로 삼국지죠. 벽을 따라 그림을 보며 가다 보면 재미있는 삼국지를 읽을 수 있어요.

제2패루를 지나면 커다란 공자상이 나오고 이 공자상을 중심으로 한쪽으로 일제 강점기 때 지어진 일본식 건물들이 보여요. 다시 계단을 더 오르면 자유공원이 나오는데 이곳은 우리나라 최초의 서양식 공원이랍니다. 6.25 때 인천상륙작전을 지시한 맥아더장군 동상이 우뚝 서서 인천 시내와 멀리 바다를 한눈에 내려다보고 있죠.

공원에서 내려와 한중문화관, **인천 개항장 근대건축전시관*** 등을 둘러보면 100년 전 차이나타운의 모습은 물론, 개항 직후 인천항의 모습을 보다 자세하게 볼 수 있답니다.

인천시 중구 선린동, 북성동 일대 한중문화관 T. 032-760-7860(공연 및 중국어 마을 체험)

+ 주변 가볼 만한 곳

인천 개항장 근대건축전시관

인천시 신포로 23번길 77 T. 032-760-7549

연중무휴라서 언제 찾아가도 되는 인천 개항장 근대건축전시관은 100년 전 일제 강점기에 일본 나가사키에 본점을 둔 18은행 건물이었어요. 일본이 은행까지 세운 것은 한국의 금융계도 지배하기 위함이었죠. 이후 조선식산은행 인천지점, 해방 후인 1954년에는 한국흥업은행 지점이었던 이 건물은 한동안 카페로 운영되기도 했어요. 인천 개항 당시 역사와 풍경 등을 자세히 볼 수 있으며, 소요시간은 약 1시간 정도 걸린답니다.

용인 백남준 아트센터

'백남준이 오래 사는 집'에서
미래를 꿈꾼 예술가의 실험정신을 만나다

세계적인 예술가 **백남준***의 작품 중 '최초의 휴대용 TV'라는 것이 있어요. 주방에서 쓰는 강판에 TV 모니터 모형을 만들어 붙인 것이에요. 이 작품을 발표한 것은 1973년, TV가 무척이나 귀한 시절이었는데 미래에는 사람들이 휴대용 TV를 들고 다닐 것이라고 생각하고 만들었답니다. 지금은 스마트폰을 통해 손 안의 TV가 가능하니, 그 옛날 어떻게 이런 상상을 할 수 있었을까 신기하기만 하죠. 백남준은 '예술가의 역할은 미래를 사유하는 것'이라고 말했답니다. 예술가는 오늘을 사는 현대를 넘어 미래를 생각해야 한다는 것이죠.

비록 사람은 가고 없지만 백남준의 예술세계는 지금도 남아 우리들에게 끊임없는 영감을 준답니다. 그러니 예술가는 죽어도 사라지는 게 아니죠. 경기도 용인시 기흥에 있는 백남준아트센터는 2006년 백남준이 세상을 뜬 후인 2008년에 개관했지만, 이곳의 또 다른 이름 '백남준이 오래 사는 집'은 생전에 자신의 이름을 딴 아트센터를 짓기로 했을 때 백남준이 직접 지은 이름이랍니다.

백남준아트센터는 건물 외관부터 예사롭지 않아요. 건물뿐만 아니라 뒷담과 동산에 이르기까지 아름다운 곡선 형태거든요. 건물 외관의 곡선은 백남준에게 많은 영향을 준 그랜드피아노 형태, 그리고 백남준의 영문 이름의 첫 글자인 Paik의 P 형태라고 해요. 전체가 여러 겹의 거울로 되어 있어요.

자, 그럼 건물 안으로 들어가 볼까요? 널찍한 1층 로비 왼쪽에는 전시실이 있고, 오른쪽에는 도서관이 있어요. 백남준 하면 TV를 빼놓고 이야기할 수 없죠. TV라는 매체를 통해 다양한 세계를 표현해 냈거든요. 물론 그가 표현한 세계를 쉽게 이해할 수는 없지만, 작품 앞에 서면 그 생각의 기발함에 놀라움을 금치 못한답니다.

보통 사람들은 TV를 보는 것에 그쳤지만, 백남준은 그것을 하나의 실험도구로 삼았죠. 전시실 입구에는 〈TV FISH〉가 있는데 TV 앞에 어항이 놓여 있어 물고기들이 TV 속에서 헤엄을 치는 듯 묘한 분위기를 만들어낸답니다. 이외 〈TV부처〉 〈스위스 시계〉 〈밥 호프〉 〈슈베르트〉 등의 작품들이 전시돼 있는데 모두 TV를 갖고 만든 거예요. 옆에는 백남준 스튜디오에 있던 TV관련 부품들이 전시돼 있는데 백남준은 이런 것들을 오래된 것부터 최신 것까지

백남준아트센터는 건물이 곡선으로 이루어져 있다.
아래는 백남준아트센터에 전시돼 있는 백남준의 작품들.
왼쪽부터 차례로 〈TV정원〉 〈슈베르트〉 〈스위스시계〉.

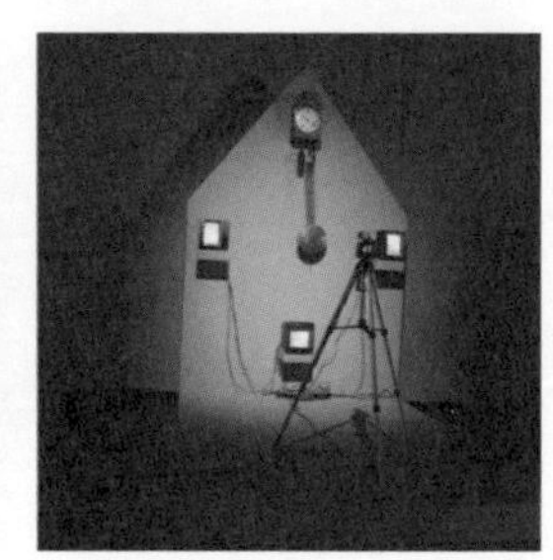

2층 전시실 한쪽에 있는 백남준의 뉴욕 작업실 풍경 메모라빌리아(좌),
1층에 있는 큐브 모양으로 된 도서관(우).

기회가 닿는 대로 구입해 스튜디오에 쌓아두었다고 해요.

한쪽으로 들어가면 커다란 정원이 나와요. 이 작품 이름은 〈TV 정원〉. 백남준의 대표작 중 하나죠. 열대식물들이 싱싱하게 자라고 있는 이 정원에는 꽃 대신 빛나는 것들이 있답니다. 바로 TV예요. TV 모니터 안에는 다양한 모습이 계속해서 움직이는데 음악과 춤의 힘을 상상의 비디오로 보여주는 작품이랍니다. 어두운 실내에서 열대식물들은 어떻게 자랄까 궁금해서 물어보니 매일 아침마다 원적외선으로 햇빛도 쬐어주고, 통풍도 시킨다고 해요. 그래서 TV정원 속의 식물들은 매우 싱싱하답니다.

2층에는 기획전시가 열려요. 2014년에는 〈랜덤 액세스〉전이 열렸는데 전시에 출품한 작가들은 백남준의 실험정신과 도전정신을 기준으로 선정된 사람들이라고 해요. 〈랜덤 액세스〉란 이름은 백남준이 1963년 첫 개인전에서 선보였던 작품 제목이랍니다. 2015년 10월부터 2016년 2월까지는 2014년 백남준아트센터 국제예술상 수상작가인 영국의 미디어 아티스트 하룬 미르자 작품이 전시됐어요.

2층 전시장 한쪽에는 백남준이 마지막까지 작업했던 뉴욕의 작업실 풍경이 재현돼 있어요. 작업도구뿐만 아니라 즐겨 읽던 책, 영수증까지 있어 비디오아티스트, 행위예술가, 작곡가 등 다양하게 불리지만 그 어떤 것으로도 이름 지을 수 없는 진정한 예술가 백남준의 흔적을 이곳에서 느낄 수 있답니다. 다시 1층으로 내려와 도서관으로 들어가 보도록 해요. 책을 보지 않더라도 이곳을 꼭 들어가 봐야 하는 이유는 이곳 역시 큐브 모양의 독특한 디자인으로 그냥 지나치긴 아깝기 때문이랍니다.

경기도 용인시 기흥구 백남준로 10 T. 031-201-8571 입장료 어른 4,000원, 청소년 및 어린이 2,000원
http://njp.ggcf.kr/

+ 플러스 팁

백남준(1932~2006) 서울에서 태어나 경기중고등학교를 졸업하고 일본 동경대학에서 미술사와 미학, 음악학, 작곡학 등을 공부했으며, 독일로 건너가 현대음악을 공부했어요. 뿐만 아니라 전자공학, 역사학, 인류학 등 여러 분야에 대한 공부도 그치지 않았답니다. 무대에서 바이올린이나 피아노를 때려 부수기도 하고 넥타이를 자르는 등의 행위예술을 벌이기도 했어요. 1974년에 이미 지금의 인터넷과 같은 전자 초고속도로 라는 개념을 생각하기도 했어요. 비디오아트의 선구자로 불리죠.

사진 제공 백남준아트센터

20

이천 세라피아

풍경 2007개 딸랑딸랑 소리나무 지나
도자기 보러 가다

아주 먼 옛날, 불을 발견한 인류는 흙을 불에 구우면 딱딱해진다는 것을 알았어요. 바로 신석기 시대 사람들이었죠. 한반도에서 살던 신석기 시대 사람들이 남긴 유물이 오늘날 교과서에서 배우는 빗살무늬토기입니다. 신석기시대의 대표적인 유물로 손꼽히는 것이죠. 인류는 토기를 발명하고 쓰기 시작함으로써 날로 먹던 음식을 조리해서 먹기 시작했고, 음식을 보관하기 시작했죠.

물론 사람들이 흙으로 그릇만 만든 것은 아니죠. 지구 표면을 덮고 있는 것이 흙이기 때문에 흙이야말로 지천에 널려 있어 사람들은 흙을 이용해 집을 짓는 등 많은 것들을 만들어 생활에 이용했습니다.

이천세계도자센터 이천세라피아에서는 흙으로 만든 것들의 세상을 한눈에 보고 체험할 수 있다.

야외 공원에 전시돼 있는 다양한 도자작품들.
특히 2007개의 도자 풍경이 걸린 '소리 나무(위)'는 바람이 불 때마다 신비로운 소리를 낸다.

흙을 사용했던 인류는 이후 청동기시대와 철기시대를 거쳐 오늘날에는 플라스틱 시대에 살고 있죠. 도시에 사는 사람들은 흙을 밟을 일도 별로 없고, 깨지기 쉬운 흙으로 만든 제품보다는 플라스틱 제품을 훨씬 더 많이 사용하고 있습니다.

흙으로 만든 것들을 보고 체험할 수 있는 곳이 경기도 이천에 있는 세계도자센터 안에 있는 이천세라피아입니다. 한국도자재단에서 운영하는 이곳은 흙으로 만든 것들의 세상을 한눈에 볼 수 있고 체험할 수 있는 곳입니다. 세라피아Cerapia는 세라믹ceramic과 유토피아Utopia의 합성어로 '도자로 만든 세상'을 뜻하거든요.

설봉호수를 내려다보고 있는 세라피아는 설봉공원과 같이 있어요. 이곳의 조형물들은 모두 도자기로 만든 것들이랍니다. 이곳에서는 2001년부터 매년 5월 도자기축제인 '세계도자비엔날레'가 열리는데, 축제 때가 아니더라도 세계 각국의 작가들이 흙으로 빚은 작품들이 전시되고 있어 다양하고 멋진 작품들을 만나볼 수 있답니다. 세계적인 작가들이 만든 도자예술품을 보면 흙과 불이 사람의 손을 통해 아름다운 예술품과 실용적인 제품으로 태어난다는 것이 놀랍기만 하죠.

도자로 만든 캐릭터 동산은 어린이들이 아주 좋아하는 곳이랍니다. 특히 이곳에 있는 나무 모양의 구조물에 도자로 만든 2007개의 풍경이 매달린 '소리 나무'는 바람이 불 때마다 신비로운 소리를 내 한참을 나무 밑에 머물게 한답니다. 또 풍경에 매달린 구름과 물고기, 코끼리 모양 등의 종은 낮에는 햇빛에 따라, 밤에는 조명에 따라 아름다운 색을 연출해요.

바깥 공원에서도 이미 많은 것들을 볼 수 있지만 건물 안에 들어가면 더욱 볼 것들이 풍성합니다. 먼저 가장 중심에 있는 건물이 이천세계도자센터예요. 이곳은 세계적인 현대 작가들의 작품이 전시되고 있는 곳으로서 아름다운 도자예술품을 볼 수 있답니다. 특히 1층에 있는 세라믹스 창조공방에서는 도자뿐만 아니라 유리공예 체험도 할 수 있어요. 물론 작가들이 작품을 만드는 과정도 구경할 수 있죠. 유리공예체험인 램프워킹 체험은 산소토치로 색유리봉이나 유리관을 녹여가며 반지 같은 것을 직접 만들어 갖고 갈 수 있어 인기가 좋아요. 매주 주말마다 운영하고 있답니다.

그 다음 가볼 곳은 토야지움이에요. 이곳에서는 전 세계 명품 도자를 구경할 수 있어요. 총 4개의 전시실에 무려 1300여 점의 작품들이 전시되고 있으니 정말 어마어마하죠. 이곳은 아시아, 오세아니아, 유럽, 아메리카 등 대륙별

세라피아 야외에 설치된 도자 조형물.

로 나뉘어져 전시되고 있어 각 대륙별 특징을 볼 수도 있답니다. 뿐만 아니라 '현대 도자의 아버지'라고 불리는 피터 볼커스 등 세계적인 거장들의 작품들도 만날 수 있어 눈이 더욱 즐겁답니다.

이천 세라피아를 통해 도자 세상이 더욱 궁금해지면 가까운 경기도 광주 곤지암에 있는 곤지암도자공원도 함께 들러보세요. 이곳은 한국 도자기의 탄생부터 지금까지의 도자 세계를 만날 수 있는 곳으로서, 경기도자박물관을 중심으로 모자이크공원, 엑스포조각공원, 전통장작가마, 흙놀이장 등이 있어요.

경기도 광주시 곤지암읍 경충대로 727(한국도자재단) T. 031-631-6501
https://www.kocef.org/03art/07.asp

+ 주변 가볼 만한 곳

해강도자미술관

어른 2,000원 청소년 1,000원 초등학생 500원
경기도 이천시 신둔면 경충대로 3150번길 44
T. 031-634-2266
http://www.haegang.org

고려청자를 재현에 한평생을 바친 해강 유근형 선생과 아들 유광열 부자에 의해 설립된 도자미술관으로서 도자기의 개념, 한국 도자기의 발달사, 도자기 제작과정 등을 그림과 사진으로 볼 수 있어요. 정기 수강 외에 1일 도예교실도 열리고 있어 도자기를 직접 만들어볼 수 있답니다.

이천도예촌

경기도 이천시 경충대로 2995 일대

이천시 사음동과 신둔면 일대에는 이천을 대표하는 도예업체들이 밀집해 있어요. 이곳에는 크고 작은 도자기 상점들이 즐비해 있는데 어디든 들어가서 구경할 수 있답니다. 물론 마음에 드는 것은 바로 구입할 수 있죠.

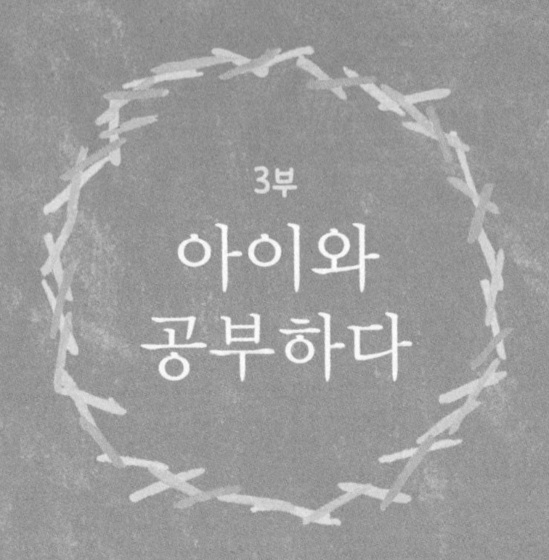

3부

아이와 공부하다

01

익산 미륵사지

1300여 년간 깎이고 무뎌졌지만
초기 모습 볼 수 있다

옛날 백제에 마를 캐서 팔던 서동이란 사람이 있었어요. 서동은 신라 진평왕의 셋째 딸 선화공주가 예쁘다는 말을 듣고 신라의 서울로 가서 스님처럼 머리를 깎고 아이들에게 마를 나눠 주면서 노래를 지어 부르게 했어요.

선화공주님은/남몰래 시집가서/서동이를/밤이면 안고 간다
선화공주님은/남몰래 정을 통해 두고/서동방을/밤에 몰래 안고 간다

아이들이 부른 노래는 동네뿐만 아니라 궁궐에까지 이르렀어요. 궁궐에

만 살던 공주가 남몰래 남자를 사귀다니 궁궐이 발칵 뒤집힐 일이죠. 결국 공주는 궁궐에서 쫓겨나게 됩니다. 귀양을 떠나는 서글픈 신세가 된 공주 앞에 한 남자가 나타났어요. 바로 서동이었습니다. 선화공주는 서동이 싫지 않았어요. 그리고 이 남자가 서동이라는 것을 알고 아이들이 불렀던 노래가 맞다고 생각했죠. 서동은 선화공주를 데리고 돌아와 왕이 되었어요. 바로 백제 30대 무왕재위 600~641입니다.

무왕이 지었다는 노래 '서동요'는 한국 최초의 4구체 향가입니다. 이 민요 형식의 노래와 설화는 **《삼국유사》***에 실려 있어요.

해체되기 전 미륵사지석탑.
이미 많이 훼손된 상태의 모습이다.

사진 제공 미륵사지유물전시관

어느 날, 이 노래의 주인공 백제 무왕과 왕비가 된 선화공주는 용화산 사자사에 있는 지명법사를 만나러 가기 위해 길을 나섰어요. 그런데 용화산 밑 커다란 연못에 이르자 미륵불 셋이 연못 속에서 솟아났어요. 왕비는 여기에 꼭 큰 절을 지어달라고 무왕에게 간청했어요. 왕비를 사랑했던 무왕은 바로 승낙을 했죠. 지명법사는 귀신을 힘을 빌어 산을 무너뜨려 연못을 메워 평지를 만들었어요. 그 자리에 미륵불상 셋을 모시는 전각과 탑, 행랑채를 각각 세 곳에 따로 짓고 미륵사라고 이름을 지었죠.

《삼국유사》에 전하는 이야기는 오랫동안 설화로 여겨졌는데 훗날 미륵사를 발굴할 때 실제 연못자리가 나타나 《삼국유사》의 기록을 뒷받침해주었어요. 그러나 역사가들 중에는 이런 설화가 당시 신라와 백제가 사이가 좋지 않았으므로 있을 수 없는 일이라고 하기도 해요. 신라가 삼국을 통일한 후 승려들이 절을 구하기 위해 신라와 미륵사가 관련이 있는 것처럼 지어낸 설화라는 것이죠.

당시 백제의 건축과 공예 등 최고의 기술이 발휘되어 지어진 미륵사는 백제 최대 규모였어요. 그러나 고려시대를 지나 조선 중기에 이르러 폐사되고 말았어요. 그래서 지금의 드넓게 펼쳐진 절터는 황량하게만 느껴지죠. 미륵사지에 있는 미륵사지유물전시관에서 절이 번성했을 때의 모습을 엿볼 수 있답니다.

미륵사에는 원래 세 개의 탑이 있었다고 해요. 동서로 각각 두 개의 탑이 있고, 가운데 목탑이 있었을 것으로 추정하죠. 그런데 가장 오래 남아있던 것은 서쪽에 있던 석탑이에요. 이 미륵사지석탑은 국보 제11호. 우리나라에 남

복원 중인 서쪽 석탑과 복원된 동쪽 석탑(위). 아래는 해체된 탑 돌.
좌측 멀리 보물 제 236호인 당간지주가 보인다.

아 있는 가장 오래되고 커다란 규모를 자랑하는 석탑이랍니다. 나무로 만든 목탑처럼 돌로 쌓은 이 탑은 한국 석탑의 출발점을 보여주는 아주 중요한 문화재예요. 뿐만 아니라 당시 백제의 건축기술을 엿볼 수 있답니다. 원래 모습은 4각 형태의 9층이었을 것이라고 전문가들은 얘기해요.

그러나 안타깝게도 이 탑의 모습을 지금은 볼 수 없어요. 일제강점기 때

시멘트로 보수공사를 했던 것을 1999년 더 훼손되기 전에 해체하고 제대로 복원하기로 결정했는데 아직도 공사 중이거든요. 해체된 탑의 돌들은 미륵사 너른 터에 각각 번호표를 달고 널려 있어요. 원래 탑이 있던 자리는 가림막을 하고 공사를 하고 있답니다. 비록 진짜 탑은 볼 수 없지만 문화재를 어떻게 복원하는지 볼 수 있기도 해요.

석탑의 모습은 미륵사지유물전시관에서 10분의 1로 축소된 모형을 통해 볼 수 있답니다. 또 탑을 해체함으로써 그 안에 있었던 사리와 사리함 등이 세상 밖으로 나왔는데 이것들도 현재 전시되고 있어요.

가림막을 하고 해체보수 중인 자리 동쪽에는 석탑이 있어요. 1993년에 수백 년 전 사라진 탑을 복원해 놓은 것이죠. 너무 말쑥해서 이 탑은 조금 생뚱맞기까지 하답니다. 그 앞에 있는 당간지주만이 오랜 세월의 맛을 그대로 보여주고 있죠.

미륵사지유물전시관 전북 익산시 금마면 미륵사지로 362 T. 063-290-6799
http://www.mireuksaji.org/home/

+ 플러스 팁

삼국유사 고려 충렬왕 때인 1281년경 일연이라는 승려가 지은 역사서예요. 왕력, 기이, 흥법 등 총 9편으로 구성되었어요. 고구려 · 백제 · 신라뿐만 아니라 고조선에서 고려까지 우리나라의 고대 역사를 다루었지요. 특히 단군신화 등 고조선에 대한 서술은 단군을 국조로 받드는 근거와 한반도 반만년의 역사를 보여줍니다. 또한 현재 전하지 않는 많은 문헌이 인용되었고 향찰로 표기된 14수의 향가가 실렸으며, 고대 불교 미술 등의 내용도 많이 담겨 우리 문화유산의 보물창고와 같은 책이랍니다.

02

영주 부석사 무량수전

600년 흘러도 튼튼한 이유는
불룩한 배 덕분

우리나라에서 가장 아름다운 절 중 하나로 꼽히는 곳이 바로 경북 영주시에 있는 부석사입니다. 부석사 올라가는 길에는 사과밭이 있습니다. 봄이면 하얀 사과꽃으로 마음을 환하게 하는 이 길이 가을에는 주렁주렁 사과가 열려 부석사 올라가는 발걸음을 멈추게 합니다. 잠시 숨을 고르고 부석사를 향해 돌계단을 오르면 부석사 마당이 펼쳐집니다. 바로 앞에 대웅전인 무량수전이 안아줄 듯 품을 벌리고 있는데, 뒤돌아서면 소백산 줄기를 한눈에 바라볼 수 있는 누각 안양루가 서 있습니다.

676년 신라시대에 의상대사가 세운 부석사에는 대웅전인 무량수전을 비롯해 무량수전 앞마당에 있는 석등, 누각 안양루 등 많은 문화재가 있는데 이중 가장 유명한 것이 바로 무량수전입니다. '무량수'라는 의미는 끝없는 지혜와 무한한 생명을 뜻하는데, 무량수불로도 불리는 아미타여래가 무량수전에 있답니다.

부석사 무량수전은 우리나라에서 두 번째로 오래된 건물입니다. 국보 제18호이기도 한 목조건물로서, 아주 중요한 역사적 가치를 지니고 있지요. 가장 오래된 목조 건축물은 경북 안동에 있는 봉정사 극락전국보 제15호이지만, 건물 완성도나 크기 등에서 무량수전이 뛰어나 그에 대한 연구 등이 활발합니다.

지금의 무량수전 건물은 1358년 불에 타는 바람에 1376년 고려 우왕 때 다시 지었어요. 무량수전의 가장 큰 특징은 바로 '배흘림기둥' 때문입니다. 배흘림기둥이란 이 멋진 단어의 뜻은 건물을 받치고 있는 기둥모양을 말하는데, 중간은 불록하고 위와 아래로 올라갈수록 가늘어지는 것을 말합니다. 가운데를 불룩하게 만듦으로써 건축물을 안정감 있게 만든 것이지요. 멀리서 보면 불룩한 것이 전혀 티가 나지 않는데, 똑바로 만든 기둥은 멀리서 보면 가운데가 가늘게 보이는 착시현상이 나타난답니다.

건축에 관심 있는 사람들이나 알아들을 만한 이 배흘림기둥이란 말이 많은 사람에게 알려진 데는 국립중앙박물관장을 지낸 미술사학자 고 최순우 선생님이 지은 책《무량수전 배흘림기둥에 기대서서》때문입니다. 우리나라 전통 건축, 회화, 도자 등에 대해 쓴 이 책에서 무량수전의 아름다움을 노래한 덕분에 많은 사람들이 부석사를 찾아 그 배흘림기둥에 기대서서 부석사

무량수전 전경(위)과 무량수전 배흘림기둥을 가까이에서 찍은 모습(아래).
아래에 비해 가운데가 볼록하게 보이지만 멀리서 보면 곧게 보인다.

안양루에서 내려다본 풍경. 소백산 자락이 아래로 펼쳐진다.

의 아름다움을 느껴보고 싶어 하지요.

무량수전 왼편으로 돌아가면 석벽에 '부석浮石'이라는 한자가 쓰여 있습니다. 부석은 '물 위에 뜬 돌'이라는 뜻인데, 바로 부석사 이름이죠. 여기에는 전설이 전해집니다.

《삼국유사》에 의하면 부석사를 세운 의상대사가 당나라로 불교를 공부하러 갔을 때 선묘라는 아가씨가 의상대사를 연모했답니다. 그러나 의상대사는 그녀를 교화시켜 오히려 불심이 가득하게 만들었습니다. 이후 선묘대사는 의상대사가 중국을 떠날 때 바다에 뛰어들어 용이 돼 의상대사를 보호했답니다. 선묘는 의상대사가 지금의 부석사 터에 자리를 잡으려고 했을 때 이곳에 살던 500명의 도둑들을 공중에서 위협해 몰아내고 절을 짓도록 도와주었습니다. 그러고는 그대로 바위가 됐는데 그 바위가 바로 부석바위입니다.

부석바위니 틈이 있다고 하는데, 저는 아무리 봐도 떠 있는 것 같지는 않았습니다. 그래도 떠 있는 돌이라고 생각하고, 부석사 무량수전 배흘림기둥에 기대서서 아래로 펼쳐지는 소백산을 바라봅니다. 아름다운 풍경입니다.

경북 영주시 부석면 부석사로 345 T. 054-633-3464 관람료 어른 1,200원 청소년 1,000원 어린이 800원
http://www.pusoksa.org/

+ 함께 가볼 만한 곳

소수서원

경상북도 영주시 순흥면 소백로 2740 관람료 어른 3,000원 청소년 2,000원 어린이 1,000원

1543년 경상북도 풍기 군수였던 주세붕이 세운 백운동서원을 명종이 소수서원이란 현판과 서적, 토지, 노비 등을 하사한 최초의 사액서원이랍니다. 1871년 대원군이 서원철폐령을 내려 많은 사원이 없어졌음에도 철폐를 면한 사원으로서 옛 모습이 그대로 남아 있어요. 강당에 걸려 있는 '소수서원'이란 현판 글씨는 명종의 글씨랍니다. 소수서원 가까이에 있는 소수박물관에 가면 소수서원의 옛날 모습을 재현해놓고 있습니다.

03

고양 최영 장군 묘소

평생 황금 보기를 돌같이
한 성품처럼 소박한 무덤

'황금 보기를 돌같이 하라.'

황금을 보고 돌같이 볼 수 있는 사람이 있을까요? 아버지가 남긴 유언을 평생 좌우명으로 삼고 정말 황금 보기를 돌같이 여기며 산 사람이 있습니다. 바로 이 말을 우리에게 남긴 최영 장군1316~1388입니다.

최영 장군은 16살 무렵 아버지 최원직이 죽으면서 남긴 말을 가슴에 품었습니다. 그리고 평생을 청렴결백하게 살았습니다. 그가 살았던 고려시대 최고의 관직이라는 문하시중이라는 높은 지위까지 올랐음에도 불구하고 백성들로부터 크게 존경을 받았던 이유죠.

최영 장군이 살았던 시대는 매우 혼란스러운 시대였습니다. **홍건적***이 난을 일으켜 침입하고, 원나라가 망하고 명나라를 세워지는 혼란스러운 시기였습니다. 뿐만 아니라 아래에서는 왜구의 침입이 잦았고, 고려 왕권도 흔들리고, 결국에는 고려라는 나라가 사라지게 되는 운명을 맞이하게 되죠.

어려서부터 체격이 좋고 용감했던 최영 장군은 무인이 되어 왜구와 홍건적을 무찌르는 데 큰 공을 세웠습니다. 최영 장군은 고려 우왕의 절대적인 신임을 받고, 나중에는 문하시중이 되어 최고의 권력을 갖게 됩니다. 최영 장군의 시대에는 고려의 충신으로 이름 높은 정몽주를 비롯해 훗날 조선을 제운 태조 이성계, 정도전 등이 함께하는 시대였습니다.

나라를 위하는 마음이 같았던 이들은 그러나 서로 생각이 달랐습니다. 그리고 결정적인 사건으로 인해 서로 갈라서고 심지어 죽이기까지 하죠. 바로 요동정벌이었습니다.

새로 세워진 명나라는 고려에 철령 이북의 땅을 내놓으라고 했습니다. 최영 장군은 이 기회에 명나라의 요동을 쳐서 고구려의 옛 땅을 찾자고 주장합니다. 이미 외적을 물리친 경험이 많았기 때문이었죠. 특히 명나라는 홍건적의 장수 주원장이 세운 나라였는데, 최영 장군은 홍건적과의 싸움에서 이긴 경험이 있었기 때문에 더욱 더 자신감을 드러냈습니다. 이때 요동정벌 책임자가 바로 조선을 세운 태조 이성계입니다.

책임자로 나서게 된 이성계는 요동정벌에 반대하고 나섰습니다. 그러나 우왕이 명령하자 하는 수 없이 군사를 이끌고 전쟁터로 나갔지요. 그런데 위화도라는 섬에 도착해서 비가 많이 와 압록강을 건너기가 힘들어지자 고민

최영 장군의 묘 뒤에는 최영 장군의 아버지 최원직의 묘가 자리하고 있다.

에 빠집니다. 결국 군사를 되돌리고 말죠. 이 사건이 바로 역사에 길이 남은 '위화도 회군1388년'입니다.

왕명을 거역하고 개성으로 돌아온 이성계는 쿠데타를 일으킵니다. 요동 정벌을 위해 이미 이성계에게 많은 군사를 내줬던 왕과 최영 장군은 이들을 막을 군사가 없었지요. 이성계에 의해 유배지로 떠난 최영 장군은 이성계에 의해 1388년 결국 처형당하고 맙니다. 죄목은 '무리하게 요동을 정벌하려고 하고, 왕의 말을 우습게 여기고, 권세를 탐한 죄'였습니다.

평생을 오직 나라만 생각하고 강직하게 살아온 최영 장군은 자신의 죄명을 듣고 이렇게 말했다고 합니다.

"내가 죄 없음은 하늘이 알고 있다. 내 평생 탐욕을 가졌다면 내 무덤에 풀이 날 것이고, 그렇지 않다면 풀이 나지 않을 것이다."

실제로 최영 장군의 무덤에는 오랫동안 풀이 자라지 않았다고 합니다. 물론 600여 년이 지난 지금은 풀이 나 있습니다.

최영 장군 묘는 경기도 고양시 덕양구 대자동 대자산 자락에 있습니다. 최영 장군 묘를 찾아가는 길목에 아주 큰 묘역이 있어 헷갈리기 쉬운데, 그곳은 태종의 넷째 아들 성령대군의 묘랍니다. 태종은 태조 이성계의 아들이니 이성계의 손자가 되는 셈이지요. 성령대군은 우리가 잘 아는 세종대왕의 친동생으로, 불과 14살 때 홍역을 앓다 죽고 말았습니다.

최영 장군 묘는 이곳에서부터 마을길을 지나, 걷기 좋은 산길을 따라 올라가야 나옵니다. 평생 황금 보기를 돌같이 한 탓인지 무덤도 참 소박합니다. '최영 장군 묘'라는 비석 뒤로 서 있는 무덤은 최영 장군의 아버지이자 고려 후기 문신인 최원직의 묘가 자리하고 있습니다.

경기 고양시 덕양구 대자동 산70-2

+ 플러스 팁

홍건적 홍건적은 머리에 빨간 두건을 둘렀다 해서 붙여진 이름입니다. 중국 원나라 말기에 차별받고 가난했던 한인과 남인들이 머리에 빨간 두건을 두르고 난을 일으켰습니다. 홍건적은 한때 중국 내에서 세력을 키웠으나 내부분열을 겪으며 통일 정권을 이루지 못했어요. 원나라에 쫓기던 이들이 일으킨 난을 '홍건적의 난'이라 부릅니다. 이들은 1359년과 1361년 두 차례에 걸쳐 고려를 쳐들어옵니다. 이들을 막아낸 대표적인 사람들이 바로 최영 장군과 이성계 장군 등입니다. 그러나 홍건적 장수였던 주원장은 살아남아 세력을 키운 뒤 훗날 명나라를 세웁니다. 고려는 두 번의 전쟁을 치르느라 나라의 힘이 약해지고, 결국 고려 왕조가 멸망하는 계기가 됩니다.

04

용인 정몽주 묘소

정몽주 충절 되새기며
해마다 5월이면 문화재 열려

고려 말을 배경으로 펼쳐지는 드라마에서 꼭 등장하는 인물 중 한 사람이 포은 정몽주입니다. 흔들리는 고려를 똑바로 세우고자 애쓰던 그는 한때 고려를 새롭게 하기로 함께 힘을 모았던 정도전과 결별하고, 이성계의 아들 이방원에 의해 죽임을 당하고 말죠. 그가 죽임을 당한 곳은 황해도 개성의 선죽교. 그의 묘소는 경기도 용인시 처인구 모현면에 있습니다. 묘소 입구에는 포은 정몽주의 충절을 보여주는 단심가가 적힌 비석이 있습니다.

그리고 그 옆에는 어머니가 지은 '까마귀 싸우는 골에/백로야 가지 마라/성난 까마귀/흰 빛을 새오나니/청강에 고이 씻은 몸을/더럽힐까 하노라'라고 하는 〈백로가〉 시비도 함께 세워져 있습니다.

포은 정몽주가 살았던 시대는 매우 혼란스러운 시기였습니다. 안으로는 고려 왕실이 흔들리고 있었고, 밖으로는 중국이 원나라에서 명나라로 교체되는 시기였습니다. 거기에 왜구는 호시탐탐 기회를 엿보며 침략하고 있었습니다. 정몽주는 풍전등화 같은 고려를 지키기 위해 자신의 스승 이색과, 함께 공부했던 정도전 등 **신진사대부***들과 힘을 모으는 한편, 고려의 마지막 명장 최영 장군, 훗날 조선을 세운 이성계와도 뜻을 같이합니다.

그러나 고려를 개혁하자는 데는 뜻이 같았지만 서로 목표점이 달랐습니다. 정도전과 이성계는 땅을 갈아엎고 새 터를 만들 듯 고려를 없애고 새로운 나라를 세우고 싶었고, 정몽주는 개혁을 통해 고려를 바꾸길 원했습니다.

정몽주는 먼저 최영 장군과 결별했습니다. 최영 장군은 명나라의 철령위 설치에 반대하며 **요동정벌***을 주장했고, 이성계는 국력이 약하다는 점 등 전

묘소 입구에 있는 정몽주의 단심가(좌)와 정몽주의 어머니가 지었다는 백로가가 적힌 비석(우).

경기도 용인시에 있는 고려의 충신 정몽주 묘소. 해마다 5월이면 정몽주 묘역에서 포은문화제가 열린다.

쟁을 치르면 안 되는 이유를 몇 가지 들면서 요동정벌에 반대했습니다. 요동정벌에 나선 이성계는 그러나 위화도에서 말머리를 돌리고 맙니다. 바로 위화도회군1388년이지요. 위화도에서 돌아온 이성계는 최영 장군을 강화도로 유배시키고, 당시 왕이었던 창왕과 창왕의 아버지 우왕을 역시 강화도에 유배시키고 공양왕을 왕으로 세웠습니다1389년.

이 격동의 시기까지 정몽주는 이들과 같이했습니다. 그러나 왕이 되고자 하는 이성계와 고려를 지키고자 하는 정몽주와는 뜻을 같이할 수 없었습니다. 1392년 3월 어느 날, 이성계가 말에서 떨어져 부상을 당하자 정몽주는

사진 제공 국립중앙박물관

정몽주가 죽은 개성의 선죽교.

이들을 없앨 계획을 하고 일단 정도전 등을 감금하고 뜻을 같이했던 사람들을 귀양 보냅니다. 그러고는 병문안을 핑계 삼아 이성계를 찾아가 분위기를 살핍니다. 이때 정몽주는 이성계의 아들 이방원과 마주앉았습니다. 훗날 조선의 3대 왕 태종이 된 이방원은 정몽주를 떠보기 위해 술자리에서 시 한 수를 읊습니다. 〈하여가〉라는 시입니다.

이런들 어떠하며 저런들 어떠하리 / 만수산 드렁칡이 얽혀진들 그 어떠하리 / 우리도 이같이 얽혀져 백 년까지 누리리라

즉, 망해가는 고려 대신 함께 새로운 나라를 만들자는 이야기였지요. 이에 정몽주는 단호하게 〈단심가〉로 답을 합니다.

이 몸이 죽고 죽어/일백 번 고쳐 죽어/백골이 진토 되어
넋이라도 있고 없고/임 향한 일편단심이야 가실 줄이 있으리야

신하된 도리로 두 왕을 섬길 수 없다는 뜻을 전한 것이죠. 이로써 이방원은 더 이상 정몽주와 뜻을 함께할 수 없다고 생각, 집에 돌아가는 정몽주를 부하를 시켜 쇠막대기로 살해합니다. 그곳이 개성에 있는 돌다리 선죽교입니다. 그날의 핏자국이 지금까지도 지워지지 않고 돌에 새겨 있고 그 주변에는 대나무가 자랐다고 전해집니다. 경북 영천에는 포은 정몽주의 충절을 기리는 임고서원이 있습니다.

경기도 용인시 처인구 모현면 능곡로 45

+ 플러스 팁

신진사대부 고려 말에 등장해 체제를 개혁하고 조선 건국을 주도해 간 관료를 일컫는 말. 신흥 사대부 · 신진 관료 · 신흥 유신 등의 이름으로도 불립니다. 고려 사회의 문제를 해결하면서 새로운 왕조를 개창하여 사대부가 주도하는 새로운 국가를 건설했습니다.

요동정벌 원나라를 멸망시키고 중국을 통일한 명나라는 우리나라 철령 이북의 땅이 한때 원나라에 속해 있었으므로 명나라 것이라고 주장했습니다. 따라서 철령 이북 땅에 철령위를 설치하고 자신들이 관할하겠다고 주장했죠. 그러자 고려 우왕과 최영 장군은 철령 이북 땅뿐 아니라 그 너머 지역도 본래 고려의 영토라며 요동정벌을 주장하고 군사들을 보냈지만 이성계는 반대해요. 결국 군사를 이끌고 요동을 향하던 이성계는 위화도에서 회군하여 우왕을 폐위시키고 정권을 장악함으로써 요동정벌은 무산되고 이성계는 조선 건국 기틀을 마련합니다.

05

서울 경복궁

궁궐 몸값 1위, 임진왜란,
일제강점기를 함께하다

2014년 문화재청에서는 재미있는 자료를 공개했어요. 우리나라 궁궐과 능에 값을 매긴 거예요. '2014년 궁 · 능 건물 화재보험 기초 자료'에 따르면 이중 가장 비싼 궁은 경복궁으로 1189억 5400만 원이랍니다. 그 다음은 창덕궁, 창경궁, 종묘 순이었어요.

어떻게 경복궁 등 문화재에 가격을 매길 수 있을까? 사실 이 가격은 '건물의 크기'로 계산을 했다고 해요. 나무로 지어진 건물은 50년이 지나면 보수를 해야 하는데 보수비용을 계산한 것이지요. 경복궁 안에는 근정전, 경회루, 자경전, 향원정 등 다른 궁보다 여러 개의 건물이 있어서 가격이 올라갔

경복궁에 있는 누각 경회루는 조선시대 연회를 베풀던 곳이다.
4월부터 10월까지 특별관람이 가능하다.

다고 해요. 경복궁 안에서도 가장 비싼 건물은 경회루인데 물론 가장 크기 때문이며, 그 가격은 99억 5700만 원이랍니다.

가장 '비싼' 경복궁, 부득이 가격을 매기긴 했지만 경복궁은 가격으로 매길 수 없을 우리의 소중한 문화재입니다. 경복궁은 조선을 대표하는 궁궐이죠. 태조 이성계가 조선이라는 나라를 세우고 새 정치를 하기 위해 도읍지를 지금의 서울로 옮기면서 가장 먼저 만든 궁궐이거든요. 처음 공사를 시작한 것은 1394년에 짓기 시작하여 이듬해 완성했지요.

그러나 1592년 임진왜란으로 인해 경복궁은 창덕궁, 창경궁 등과 함께 불에 타 없어지고 맙니다. 선조 임금은 전쟁이 끝난 후 덕수궁에 머물면서 다시 경복궁을 지으려고 했으나 공사비와 인력이 많이 필요해서 쉽게 공사를 시작할 수 없었다고 해요. 이후 다른 왕들도 나라 형편등을 생각해서 공사를 할 수 없었어요. 그러다보니 경복궁은 무려 270여 년간 그냥 폐허로 남아있게 되었답니다.

경복궁을 다시 지은 것은 1867년 고종 때였어요. 고종의 아버지 흥선대원군은 흔들리는 왕권을 강화하기 위해 궁궐을 다시 짓기로 하고 예전보다 훨씬 더 크고 아름답게 지었습니다. 태조 이성계가 처음 지었을 때 390여 칸이었던 경복궁 건물은 이때 무려 7225칸으로 늘어났지요. 이렇게 큰 궁궐을 짓다 보니 나라 살림은 어려워지고 백성들은 살기 힘들었지요.

그러나 웅장하고 화려한 경복궁은 다시 그 모습을 잃고 맙니다. 1895년 명성황후가 이곳에서 시해되고, 이듬해에는 고종이 러시아공관으로 거처를 옮기면서 궁궐은 비어 있게 됐습니다. 그리고 1910년 우리나라가 일본의 식민지가 되었죠. 일제는 우리나라 왕이 살고 일을 하던 경복궁의 흔적을 없애기 위해 1915년 우리나라를 지배한 지 5년이 되는 해를 기념한다는 '시정오년기념 조선물산공진회'라는 큰 박람회를 비롯해 여러 전시회를 경복궁에서 열었어요. 왕이 살던 궁궐에 구경꾼들이 몰려들면서 궁궐의 원래 모습은 사라지기 시작했죠. 심지어 일제는 경복궁 맨 앞에 **조선총독부***를 세워 임금이 일을 하던 근정전을 아예 가려버리고, 경복궁 후원에는 총독이 살 집을 짓기까지 했습니다. 일제 강점기에 경복궁 건물은 1/10분의 줄어들고 말았답니다.

민족의 수난과 역사를 함께한 경복궁은 1990년 본격적인 복원사업에 들어갔어요. 1995년 경복궁을 가로막고 있던 조선총독부 건물을 철거하자 근정전이 다시 환하게 모습을 드러냈지요. 이후 사라진 건물을 하나씩 다시 지으면서 홍선대원군이 지었던 경복궁의 모습을 되찾아가고 있어요.

경복궁 안에는 국보 제223호인 근정전을 비롯해 경회루국보 제224호, 경천사 10층석탑국보 제86호 등 여러 국보와 보물이 있답니다. 하지만 국보나 보물로 지정되지 않은 것들이라 해도 담장의 벽돌 하나, 근정전 앞의 바닥돌 하나도 예사롭지 않은 곳이 바로 조선의 궁궐 경복궁이랍니다.

서울특별시 종로구 사직로 161 경복궁 T. 02-3700-3900 관람료 어른 3,000원 청소년 및 어린이 1,500원
http://www.royalpalace.go.kr:8080/

+ 플러스 팁

조선총독부 1910년 한일합방 조약이 체결되고 조선총독부가 설치됐어요. 처음에는 남산에 있던 건물을 총독부로 썼는데, 많은 사람이 일하게 되자 새로운 건물을 필요로 했어요. 일제는 경복궁 근정전 앞에 있던 건물들을 헐어버리고 르네상스식 석조건물을 지었어요. 이렇게 세워진 조선총독부 청사는 1926년 당시 동양 최대의 근대식 건축물이었답니다. 해방 후 이 건물은 미군정청사, 대한민국 중앙정부청사, 국립중앙박물관 등으로 사용되다 1995년 철거됐어요. 독립기념관에 만들어진 '조선총독부 철거부재 전시공원'에 기둥과 중앙돔 등 건물 재료들이 공개되고 있습니다.

사진 제공 국립중앙박물관

지금은 사라진 옛 조선총독부 건물(좌)과 조선총독부 건물을 박물관으로 쓰던 시절, 박물관 내부 모습(우).

06

서울 광화문광장 세종이야기 전시관

동상 뒤에 숨어 있는 세종 이야기

우리는 한글을 쓰는 것이 너무나 익숙해서 마치 공기의 소중함을 모르고 지내듯 한글의 소중함을 잘 모르고 지내죠. 한글이 만들어지기 전까지, 많은 사람들이 글을 쓰고 읽을 줄 몰랐답니다. 중국의 문자 한자로 글을 적었거든요. 그런데 우리말을 한자로 옮기는 것은 쉬운 일이 아니었어요. 양반들만 한자를 익히고 배웠죠. 그러다 보니 일반 백성들은 글을 쓸 수가 없었어요.

세종대왕은 백성들이 글을 제대로 읽고 쓰지 못하는 것을 안타깝게 여겼답니다. 그래서 1443년 훈민정음訓民正音을 만들었습니다. 훈민정음은 '백성에게 가르치는 올바른 소리'라는 뜻으로 세종대왕이 직접 지었어요.

세종대왕이 우리말을 만들겠다고 했을 때 박팽년, 최만리 등 일부 학자들은 중국과 다른 문자를 만드는 것은 큰 나라를 모시는 데 어긋나고, 스스로 오랑캐가 되는 일이라며 반대를 했답니다. 그러나 백성을 사랑하고 큰 뜻을 품은 세종대왕은 성삼문, 정인지, 신숙주 등 **집현전*** 학자들과 훈민정음을 만들었는데 그 이유를 다음과 같이 밝혔어요.

"어리석은 백성들이 말하고 싶어도 그 뜻을 펴지 못한다. 내가 이것을 딱하게 여겨 새로 스물여덟 글자를 만들었으니 사람들이 쉽게 익혀서 날마다 편리하게 사용하기를 바란다."

우리나라 국보 70호로 지정된 훈민정음은 1997년 유네스코 세계기록유산으로 지정돼 있어요. 세계 2900종의 언어 중 유네스코에서 최고의 평가를 받았답니다. 특히 유네스코에서는 1990년부터 매년 세계 각국에서 문맹퇴치사업에 가장 공이 많은 개인이나 단체를 뽑아 '세종대왕상'을 시상하고 있답니다. 한글의 위대함을 세계가 인정한 것이에요.

세종대왕의 업적은 한글뿐만 아니랍니다. 유학을 최고로 치고 있던 당시 세종대왕은 과학기술의 중요성을 일찌감치 깨달아 중국으로 유학을 보내는 등 우수한 과학 인재를 양성시켰죠. 그 결과 물시계인 자격루, 빗물의 양을 재는 측우기, 천체를 관측하는 혼천의, 해시계 앙부일구 등이 제작되었습니다.

음악에도 관심이 많았던 세종대왕은 새로운 음악을 통해 이후 조선시대 음악발전의 기틀을 만들었답니다. 대표적인 것들이 관습도감을 설치해 박연을 통해 아악우리나라에서 의식 등에 정식으로 쓰던 음악 을 정리하게 한다거나, 악기도

광화문 광장 세종대왕 동상 뒤 '세종이야기' 출입구가 있다. '세종이야기'에서는 눈으로 직접 보고 만지며 체험할 수 있다.

감을 설치해 아악기들을 제조한 것 등이에요. 특히 국가 중요무형문화재 제1호로 지정된 종묘제례악 중 일부는 세종대왕이 나라의 태평성대를 기원하고자 직접 짓고 나중에 세조가 개편한 곡이라고 해요.

이런 세종대왕의 업적을 조금 자세하게 들여다볼 수 있는 곳이 서울 광화문에 있답니다. 광화문 광장에는 보면 세종대왕 동상이 있고 앞에 측우기와 혼천의, 앙부일구 등이 있습니다. 교과서 속 사진으로만 보던 것들을 실제로 볼 수 있죠.

그리고 세종대왕 동상 뒤로 가면 '세종이야기'라고 쓰인 입구가 보입니다. 세종문화회관대극장 옆에도 입구가 있어요. 여기로 들어가면 세종대왕에 관한 업적이 자세하게 소개되어 있답니다. 세종대왕의 출생과 품성, 취미, 연대기 등을 차례로 살펴볼 수 있죠. 또 훈민정음을 만든 과정과 원리도 쉽게 설명되어 있답니다. 한글을 만들었던 집현전 학자들이 한글의 원리와 사용되고 있는 예 등을 적은 훈민정음해례본과 언해본, 훈민정음을 이용해 처음 간행된 '용비어천가' 등도 볼 수 있어요.

세종대왕의 기술과학 분야와 음악 분야의 업적도 자세하게 소개되어 있는데, 당시 만들어진 경종, 편경 등 국악기도 직접 볼 수 있어요. 그리고 한글을 이용한 예술작품을 볼 수 있는 한글갤러리에, 세종대왕의 업적뿐만 아니라 이순신 장군의 업적을 볼 수 있는 도서관이 있답니다. '세종이야기' 바로 앞에 '충무공 이야기'가 있는데 그곳에는 세종대왕과 마찬가지로 이순신 장군에 대한 업적을 자세하게 소개하고 있거든요.

'백성은 나라의 근본이니 근본이 튼튼해야 나라가 평안하게 된다'라고 강조했던 세종대왕. 경기도 여주에 있는 세종대왕릉에서도 세종대왕의 발자취를 볼 수 있답니다. 이곳에는 세종대왕과 소헌왕후 심씨가 합장된 영릉이 있습니다.

서울특별시 종로구 세종대로 175 지하 T. 02-399-1114
http://www.sejongstory.or.kr/main/main.asp

+ 플러스 팁

집현전 학자를 양성하고 학문을 연구하기 위해 궁중에 설치한 기관이에요. 세종대왕은 1420년 즉위한 이듬해 기존에 있던 집현전을 확대해 학자들이 학문연구에 매진할 수 있도록 했어요. 그래서 집현전을 통해 뛰어난 학자가 배출되었죠. 집현전 학자들은 역사, 지리, 정치, 경제, 천문, 도덕, 예의, 문학, 종교, 군사, 농사, 의약, 음악 등 백성의 생활에 필요한 거의 모든 분야를 연구하고 저술했어요.

대표적인 것으로는 세종대왕의 훈민정음 창제를 돕고 〈훈민정음 해례〉를 편찬한 일입니다. 뿐만 아니라 〈고려사〉 〈농사직설〉 〈오례의〉 〈팔도지리〉 〈삼강행실〉 〈월인천강지곡〉 〈의방유취〉 등 많은 책을 편찬하고 간행하기도 했어요. 집현전은 한국 문화사상 황금기를 이룩했다는 평가를 받아요. 그러나 1456년 세조는 자신이 왕이 된 것을 반대한 사람들이 집현전에 많다는 이유로 폐지했습니다. 집현전에서 소장하고 있던 책들은 예문관에서 관장하다 성종 때 설치된 홍문관에서 집현전 업무를 담당했습니다.

07

수원 융건릉

소나무 숲 사이,
아버지 향한 정조의 효심 엿볼 수 있다

조선시대 왕 중에서 가장 비극적인 죽음을 맞이한 왕은 사도세자1735~1762 · 추존 장조예요. 그리고 가장 효심이 지극했던 왕을 꼽으라고 한다면 사도세자의 아들 정조1752~1800 를 꼽을 수 있죠.

오늘 찾아갈 곳은 사도세자와 혜경궁으로 알려진 헌경황후 홍씨의 합장릉인 융릉과 정조대왕과 효의왕후 김씨의 합장릉인 건릉이에요.이 두 왕릉은 경기도 화성시에 있는데 두 능을 합해 융건릉이라고 불러요. 입구로 들어가면 융릉은 오른쪽, 건릉은 왼쪽에 있죠. 아버지와 아들의 능이 같이 있는 것은 이곳이 유일한데 효심이 극진했던 정조가 아버지 근처에 묻히길 원

했기 때문이랍니다.

원래 사도세자의 능은 지금의 서울시립대 뒷산에 있었어요. 사도세자는 당파싸움의 희생물이 되어 아버지 영조에 의해 뒤주에 갇혀 8일 만에 굶어 죽고 만 비운의 인물이죠. 아버지가 뒤주에 갇혀 비참하게 죽을 당시 왕세손이었던 정조의 나이는 11살이었어요. 그러나 정조는 할아버지 영조와 어머니 혜경궁 홍씨의 극진한 사랑을 받으며 성군으로서 자질을 키워나갔어요.

할아버지 생전에는 사도세자의 아들임을 공공연하게 말하지 못했던 정조는 왕이 되자마자 '나는 사도세자의 아들이다'라고 말하고 억울하게 죽은 아버지와 어머니 혜경궁 홍씨를 위한 여러 가지 일을 해요. 그중 하나가 사도세자의 무덤을 최고의 명당이라 말하는 지금의 자리로 옮기는 것이었죠. 그런데 왕릉 사방 4㎞에는 큰 건물이 없어야 하는데 당시 이곳에는 수원부 관아와 마을이 있었어요. 정조는 관아와 마을을 지금의 수원화성으로 옮기면서 능에 행차하기 위한 행궁을 짓고 성을 쌓았어요. 바로 그 유명한 수원화성이에요.

정조는 아버지 무덤을 이곳으로 옮기면서 이름도 현릉원으로 고쳤어요. 사도세자의 무덤은 처음에는 수은묘라고 했는데 정조가 왕이 되고 나서 영우원으로, 그리고 다시 현릉원으로, 고종 때 융릉으로 승격됐죠. 정조는 왕이 되지 못하고 죽은 아버지에게 왕의 칭호를 붙이고 싶었지만 거기까지는 이르지 못했는데 고종 때 이르러서 국왕으로 추존되었어요. 정조는 아버지의 능을 모란과 연꽃무늬 병풍석과 기와모양의 와첨석 등을 사용해 정성으로 아름답게 만들었어요. 물론 정조 당대가 문화가 빛나는 시절이기도 했지

융릉(위)과 건릉(아래). 아버지와 아들의 능이 같이 있는 곳은 이곳이 유일하다.

융릉으로 들어가는 길목. 울창한 소나무숲이다.

만, 억울하게 죽은 아버지의 무덤을 그 어떤 왕의 무덤보다 잘 만들고 싶었던 것이 정조의 효심이었죠.

융릉으로 들어가는 길목에는 소나무 숲이 울창해요. 정조는 아버지 능을 꾸미면서 소나무 45만 그루를 이곳에 심었어요. 그러나 옛날 그 시절에 심었던 소나무는 일제강점기 일본인들이 많이 베어 갔대요. 지금 자라는 나무들은 그 후에 심긴 것이라고 합니다.

이곳 소나무와 관련해 전해지는 이야기가 있는데 역시 정조의 효심과 관계가 있어요. 해마다 아버지 능을 찾았던 정조는 어느 날 송충이가 많이 생겨 소나무들이 죽는다는 말을 듣고 송충이를 깨물어 먹었답니다. 그랬더니 천둥번개가 쳐서 송충이가 모두 사라졌다고 해요. 또 한 가지는 《홍재전서》

에 기록된 내용으로 송충이가 많다는 말을 전해들은 정조는 인근 백성들에게 송충이를 다 잡도록 하고 송충이 값을 치렀답니다. 그리고 다음 세상에서는 사람에게 해로운 벌레가 아니라 이로운 물고기나 새우로 변하라고 하면서 불에 태우는 대신 바다에 던져버리도록 했다는 것입니다. 효심과 더불어 백성을 사랑하는 마음, 불교의 윤회사상 등 여러 가지 생각을 하게 하는 이야기죠.

정조는 아버지 능을 이곳으로 옮기고 가까운 곳에 용주사를 지어 하루 6번씩 제사를 지내게 해요. 그래서 용주사에는 방앗간까지 있었다고 해요.

장조대왕과 헌경황후 홍씨가 잠든 융릉을 둘러보고 숲길을 따라 정조대왕과 효의왕후 김씨의 합장릉인 건릉까지 보고 용주사, 수원화성을 살피는 여행길은 정조의 발자취를 따라가는 역사 기행이기도 하며 효심을 찾아가는 길이기도 하답니다. 그리고 빛나는 세계문화유산 두 곳을 둘러보는 길이기도 하죠.

경기 화성시 효행로 481번길 21 T. 031-222-0142
http://hwaseong.cha.go.kr/n_hwaseong/index.html
입장료 어른 1,000원 만 24세 이하 무료

+ 플러스 팁

조선왕릉 조선왕릉(http://royaltombs.cha.go.kr/)이란 1408년부터 1966년까지 500여 년간 걸쳐 만들어진 우리나라 왕실 무덤으로서, 그 역사적 가치를 인정받아 2009년 유네스코 세계문화유산으로 등재됐어요. 조선왕릉은 18개 지역에 흩어져 있고 총 40기에 달해요. '능'은 왕과 왕비가 잠들어 있는 무덤을 말해요. 왕세자와 왕세자빈이 묻혀 있는 곳은 '원'이라 하고, 대군 · 공주 · 옹주 · 후궁 · 귀인이 묻힌 장소는 '묘'라고 한답니다. 사도세자의 무덤이 묘에서 원, 능으로 이름이 바뀐 것은 사후에 왕으로 추존됐기 때문이죠.

08

전주 전동성당

천주교 최초 순교자 윤지충,
그가 숨진 곳에 성당 세우다

2014년 2월 프란치스코 교황은 우리나라의 천주교 순교자 124명의 시복을 결정했습니다. 시복諡福이란 천주교 교회가 복자福者로 선포하는 것을 말합니다. 복자는 순교했거나 생전에 높은 덕행으로 공경을 받을 만한 사람을 말하는데 성인 이전 단계랍니다. 따라서 로마 교황청에서는 매우 엄격한 심사를 합니다.

그동안 한국 천주교에서는 최초의 내국인 신부 김대건을 비롯해 103명의 복자가 있었습니다. 이분들은 지난 1984년 모두 성인으로 추대되었어요. 2014년 시복으로 결정된 124명은 초기 천주교 신자들로서 최초의 천주교

한국 교회 사상 최초의 순교자 윤지충은 외사촌 권상연과 함께
지금의 전동성당 자리에서 참수됐다. 전동성당에 있는 윤지충과 권상연 동상.

신자 탄압 사건인 신해박해1791년 때부터 병인박해1866년 때까지 순교한 사람들이에요. 이중 가장 대표적인 인물이 윤지충세례명 바오로입니다. 전주 풍남문 앞에 있는 전주 전동성당은 바로 윤지충이 순교한 곳입니다. 순교지 위에 성당을 세운 것이죠.

전동성당 입구에 들어서면 오른편에 윤지충의 동상이 있습니다. 목에 긴 칼을 차고 자신에게 천주교리를 배워 입교한 외사촌형 권상연이 들고 있는 십자가를 바라보고 있는 모습이죠. 윤지충은 수원화성을 설계한 다산 정약용과는 외사촌 관계예요.

윤지충의 공식 죄명은 불효불충 역모죄였습니다. 어머니가 돌아가시자 그는 전통적인 유교식 장례절차를 따르지 않고 천주교 교리에 따라 어머니의 신주를 불사르고 제사를 지내지 않았습니다. 당시 조선시대는 유교를 중시하던 사회였습니다. 유림과 천주교를 믿지 않던 다른 친척들은 전통적인 장례절차를 따르지 않았다며 윤지충을 고발했습니다. 천주교를 버리면 살 수 있다고 주변에서 설득했지만 그는 끝내 굴복하지 않았죠. 결국 윤지충은 외사촌 권상연과 함께 풍남문 앞 바로 지금의 전동성당 자리에서 참수됩니다. 한국 교회 사상 최초의 순교였죠.

참수된 이들의 머리는 9일 동안 전주 풍남문 앞에 효시죄인의 목을 베어 높은 곳에 매달아, 경계하는 뜻으로 뭇사람들에게 보임되었습니다. 이 사건이 바로 신해박해입니다. 이 사건 이후 천주교 박해가 본격적으로 시작되고 많은 천주교 신자들이 죽임을 당하게 되었죠.

그로부터 100년의 세월이 지난 1891년, 전동성당 초대 신부 보두네는 윤지충이 참수당한 자리에 성당을 짓기로 결심하고 땅을 사들여요. 주춧돌은 윤지충등의 머리가 효시됐던 풍남문 성벽 돌을 갖다 썼다고 해요. 외관공사가 마무리된 것은 1914년. 그리고 모든 시설을 완비하고 축성식을 가진 것은 1931년. 여러 가지 형편 때문에 공사 기간만 무려 23년이 걸린 셈입니다. 성당 한쪽에는 오랫동안 성당 건립에 힘쓴 보두네 신부를 기리는 동상이 있습니다.

전동성당은 **명동성당***과 함께 가장 아름다운 성당 건축물로 손꼽히죠. 우리나라에도 이렇게 오래되고 아름다운 성당이 있을까 생각될 정도랍니다. 뿐만 아니라 전동성당은 호남 지역에 지어진 최초의 서양식 건물로도 그 의미가 크답니다.

전동성당은 서울 명동성당과 그 모습이 비슷한데, 그것은 명동성당을 설계했던 프와네 신부가 이곳을 설계했기 때문입니다. 건축에 관한 조예가 깊었던 보두네 신부는 프와네 신부와 함께 전체 모양은 명동성당과 같이 고딕식으로 설계하되, 조형미를 살려 로마네스크 양식과 비잔틴 양식을 혼합한 아름다운 건물로 만들었습니다. 건축도 명동성당을 지은 중국 기술자들

호남 지역에 세워진 최초의 서양식 건물인 전동성당은 23년 만에 완공됐다.
명동성당을 설계한 프와네 신부가 설계했다.

이 지었다고 해요.

전동성당 바로 앞은 조선을 건국한 태조 이성계의 초상을 봉안한 경기전이 있고, 그 길로 전주 한옥마을이 이어집니다. 길 끝에는 이성계가 왜구를 물리친 후 승전 기념으로 세웠다는 오목대가 있어요. 오목대 위에 올라가면 한옥마을과 전동성당, 풍남문, 경기전, 일제시대 지어진 적산가옥자기 나라나 점령지 안에 있는 적국 소유의 집 등 체험여행의 보물창고를 한눈에 볼 수 있죠.

+ 함께 가볼 만한 곳

명동성당

서울특별시 중구 명동길 74 명동성당 T.02-774-1784
http://www.mdsd.or.kr/

천주교 서울대교구의 주교좌성당인 명동성당은 우리나라를 대표하는 성당이자 우리나라 최초의 성당으로서 서울 한복판인 명동에 있어요. 1989년 세워진 당시 뾰족한 서양 고딕양식 건물이 신기해 많은 사람들이 구경하러 오기도 했다고 합니다. 지금도 명당성당은 꼭 천주교 신자가 아니어도 구경삼아, 혹은 마음의 휴식을 얻기 위해 가는 사람들이 많답니다. 특히 과거 군사정권 시절, 명동성당은 민주화의 성지이기도 했답니다.

09

여주 명성황후 생가

명성황후가 왕비가 되기 전까지 살던 집

우리 역사에서 가장 비운의 여성을 꼽는다면 명성황후를 이야기하지 않을 수 없습니다. 일본군과 낭인들에 의해 무참하게 죽임을 당하고, 시신마저 불에 타고 만 명성황후의 최후는 그 어떤 죽음보다 우리 역사에서 아픈 상처가 됐지요. 이 사건이 바로 을미사변1895년입니다. 명성황후 이야기는 그동안 드라마, 뮤지컬 등으로 만들어져 크게 알려졌지요.

명성황후는 경기도 여주시 능현동에서 태어나 이곳에서 8세 때까지 살았답니다. 생가는 전통적인 ㄱ자형 한옥으로 그리 크지 않고 아담해요. 총명했다는 어린 명성황후가 공부했을 작은 방과 뛰어놀았을 마당이 있지요.

생가 앞에는 명성황후가 태어난 옛 마을이라 새겨진 명성황후 탄강구리비가 세워져 있어요.

생가 옆에는 '감고당'이라고 하는 기와집이 한 채 서 있답니다. 생가보다 훨씬 큰 이 집은 인현왕후의 개인집이었어요. 왜 이곳에 있을까 궁금해서 알아보니 감고당은 명성황후가 8살 때 생가를 떠나 왕비가 되기 전까지 머물렀던 집이랍니다. 인현왕후의 아버지였던 민유중의 묘가 생가 바로 뒤에 있는데, 민유중은 명성황후의 6대조 할아버지가 되기도 해요. 원래는 궁궐과 가까운 서울 안국동에 있었는데 개발로 인해 1996년에 서울 쌍문동으로, 2008년에 다시 지금의 이 자리에 옮겨졌어요.

명성황후에 대한 자세한 내용을 알 수 있는 곳은 생가 입구에 있는 명성황후 기념관이에요. 이곳에는 고종과 명성황후의 영정을 비롯한 관련 자료가 전시돼 있어요. 특히 일본 건달들이 휘둘렀던 칼도 전시돼 있는데 일본인은 이 칼로 '전깃불과 같이 단숨에 늙은 여우를 베었다'라고 말했답니다. 명성황후 시해사건 작전명을 그들은 '여우사냥'이라고 했거든요.

또 명성황후가 경복궁 옥호루에서 일본군과 낭인들에 의해 처참하게 살해되는 장면이 홀로그램으로 전시되고 있는데 이것을 보면 어떻게 한 나라의 국모를 처참하게 살해할 수 있는지, 그들의 만행에 다시 한 번 몸서리를 치게 된답니다.

일본군이 명성황후를 시해한 이유는 당시 명성황후가 일본이 아닌 러시아와 가깝게 지내는 친러정책을 폈기 때문이었어요. 러시아의 힘을 빌어서라도 우리나라를 지나치게 간섭하던 일본을 밀어내려 했던 명성황후는 일

명성황후 생가(위)와 명성황후 기념관, 명성황후 순국숭모비(아래).
명성황후가 시해된 경복궁 건청궁에 있던 것을
복원과 개방 등으로 이곳으로 옮겨 세웠다.

본 입장에서는 눈엣가시였겠지요. 일본은 결국 명성황후를 시해하고, 이후 우리나라를 식민지로 삼았어요.

명성황후는 목숨까지 바치며 나라를 지키고자 했던 조선 최고의 국모로 평가받지만 한편에서는 나라를 망치게 한 인물이라는 평가도 있어요. 그러나 명성황후가 살았던 19세기 말, 서양 강대국들이 개방을 요구하는 급변하는 시대에 명성황후가 자신의 이익이 아니라 나라를 지키고자 고민했다는 것은 분명한 사실일 거예요.

경기도 여주시 명성로 71 명성황후생가 T. 031-880-4022 관람료 어른 1,000원 청소년 700원 어린이 500원
http://www.empressmyeongseong.kr/

+ 주변 가볼 만한 곳

신륵사

경기도 여주시 천송동 282 T. 031-855-2505
관람료 어른 2,200원 청소년 1,700원 어린이 1,000원

신라시대 원효대사가 창건했다고 전해지지만 정확하지 않아요. 강가에 있는 신륵사 다층전탑은 보물 제226호로 현존하는 유일한 고려시대 전탑. 법당 앞 보물 제225호로 지정된 다층석탑은 흰 대리석으로 만들어진 것이며, 이외에도 조사당(보물 제180호), 신륵사 보제존자석종(보물제228호) 등 여러 개가 보물 및 문화재로 지정돼 있습니다.

목아박물관

경기도 여주시 강천면 이문안길 21 T. 031-885-9952
관람료 어른 5,000원 어린이 3,000원

1989년 우리나라 전통 목조각 및 불교미술의 계승과 발전을 위해 개관했습니다. 목아는 박물관장인 박찬수 중요무형문화재의 호로 '죽은 나무에 새 생명을 불어넣어 싹을 틔운다'는 뜻이에요. 불교유물과 박찬수 목조각장의 대표작품 등을 통해 불교미술문화재와 전통 목조각을 한눈에 볼 수 있습니다.

10

화성 제암리 3·1운동 순국 기념관

무참히 희생된 흔적,
교회 곳곳에 남아 있다

오늘 찾아갈 곳은 일제강점기 때 일본군이 마을 사람들을 교회에 몰아넣고 무참하게 살해한 현장, 바로 경기도 화성시에 있는 제암리교회입니다. 현재 이곳엔 제암리 3·1운동 순국기념관이 만들어져 있고, 교회가 있던 자리에는 순국기념탑이 세워져 있어요. 그리고 양지바른 언덕에 당시 희생됐던 23명의 합동 묘지가 있습니다.

그럼 제암리교회에서 어떤 일이 일어났는지 한번 알아볼까요? 1919년 4월 15일 오후, 일본군 중위 아리타는 11명의 부하, 일본인 순사 등과 제암리에 왔어요. 특별히 순시할 일이 있으니 15세 이상 마을 남자들은 모두 교회로 모이라고 했죠.

아리타 중위는 처음에는 훈계하는 척하기도 하고, 기독교의 가르침이 뭐냐고 질문을 하기도 했어요. 그러다 별안간 밖으로 나와 사격 명령을 내렸어요. 교회를 포위하고 있던 병사들은 명령이 떨어지자마자 창문을 통해 사격을 해대기 시작했어요. 교회당 안에 있던 사람들은 영문도 모른 채 순식간에 총에 맞아 죽어야 했죠. 밖으로 뛰쳐나오려 했지만, 밖에서 문에 못질을 했기 때문에 도망칠 수도 없었어요. 사격이 끝나고 군인들은 짚더미에 석유를 끼얹어 불을 질렀어요.

군인들은 교회당 아래쪽 집들로 불길이 옮아 타오르자 불길이 옮아 붙지 않는 위쪽 집에는 일부러 불을 질렀지요. 마을 전체를 그야말로 쑥대밭을 만들어버린 거죠. 일본군이 이토록 한 마을과 한 가족을 몰살한 이유는 바로 3·1운동의 주동자들을 말살하기 위함이었어요. 전국적으로 일어난 3·1운동은 제암리가 있는 경기도 수원·화성 지역도 예외가 아니었거든요. 제암리를 비롯한 인근 주민들이 발안 지역의 장날을 이용해 독립 만세 운동을 벌였고, 이 과정에서 주재소가 습격당하기도 했어요.

200여 명으로 시작된 만세 운동은 며칠 후인 4월 3일에는 2000여 명으로 늘어났죠. 만세 운동이 격렬해지자 일본군은 진압에 혈안이 됐어요. 대대적인 수색 작전을 펼쳐 시위 주동자들을 검거하려 했죠. 특히 만세 운동 주동자로 지목된 천도교 지도자 백낙열과 감리교 전도사 김교철 등을 체포하려고 수촌리라는 마을을 급습해서 교회와 집들을 불태우고, 김교철을 비롯해 수백 명을 검거하기도 했어요. 그러나 백낙열은 잡히지 않고, 3월 31일

1919년 3 · 1운동 직후 일제의 만행으로 많은 희생자를 냈던 제암리교회와 당시 불탄 예배당 터에 세워진 희생자의 넋을 위로하는 순국기념탑. 아래 사진은 제암리 교회 옛 모습과 스코필드 선교사 동상.

에 있었던 발안 시위를 주도했던 제암리 주모자들도 잡히지 않자 아리타 중위는 제암리에 사는 기독교인과 천도교인들을 주동자라고 생각하고 끔찍한 일을 저지른 거죠.

제암리교회 사건은 이튿날 바로 알려졌어요. 언더우드 선교사 등이 우연히 제암리 참상을 목격하고는 세상에 알렸거든요. 며칠 후 소식을 듣고 혼자 내려온 스코필드한국 이름 석호필 선교사는 불에 탄 시신들을 한데 모아 묻는 등 사후 수습에 나섰어요. 그리고 제암리 사건 보고서를 작성해 미국과 캐나다 선교 본부, 신문사 등에 보내고 《끌 수 없는 불꽃》이란 책을 통해 제암리 학살 사건을 전 세계에 알렸어요.

순국기념관으로 들어가면 당시 상황을 사진과 영상 자료들을 통해 볼 수 있어요. 특히 발굴 현장에서 나온 불에 그을린 대못과 단추, 숯, 깨진 맥주병 등은 당시 처참했던 모습을 상상하게 한답니다.

경기 화성시 향남읍 제암길 50 T. 031-369-1663
http://jeamri.hsuco.or.kr/kor/k_main.asp

+ 플러스 팁

3 · 1운동 1919년 3월 1일 천도교, 기독교, 불교 지도자들을 중심으로 한 민족 대표 33인이 종로 태화관에 모여 '독립선언문'을 낭독하면서 시작된 만세 운동으로 전국적으로 우리 민족의 독립 의지를 전 세계에 알리는 중요한 계기가 됐어요. 종로 탑골공원에서 학생들이 다시 선언문을 낭독하고 대한독립만세를 외치면서 전국으로 퍼져 나갔는데 큰 도시뿐만 아니라 작은 마을까지, 그리고 각계각층의 사람들이 모두 참여한 독립운동이에요. 유관순 열사도 3월 1일 탑골공원에서 만세 운동에 참여하고, 이후 고향으로 내려가 아우내장터에서 운동을 벌였답니다.

11

서울 효창공원 삼의사묘

광복 위해 목숨 바친
윤봉길, 이봉창, 백정기 의사들 잠들다

8.15 광복절은 36년간 일본의 식민지였던 우리나라가 해방을 맞이한 날이죠. 우리나라가 일제 치하에서 해방되기까지는 많은 사람들이 목숨도 아까워하지 않고 나라의 독립을 위해 싸웠기 때문이랍니다.

서울 용산구 효창동에 있는 **효창공원***에는 우리나라 독립운동가 여러분이 잠들어 있습니다. 지하철 6호선을 타고 효창공원앞 역에서 내려 10분만 걸어가면 바로 효창공원이랍니다. 먼저 삼의사묘를 찾아가볼까요. 삼의사란 세 명의 의사義士, 의협심이 있고 절의를 지키는 사람라는 뜻으로 이봉창, 윤봉길, 백정기 의사를 말해요.

그런데 삼의사묘에 가면 무덤이 네 개 있답니다. 세 개의 묘에는 각각 비석도 있는데 한 개의 무덤에는 비석도 없지요. 조금 이상하죠?

비석이 없는 무덤은 안중근 의사 무덤이에요. 이 무덤은 비어 있어요. 해방 후인 1946년 김구 선생은 독립투사의 유해를 일본으로부터 돌려받아 이곳으로 모셨어요. 그리고 안중근 의사의 유해도 모시기 위해 삼의사 묘 옆에 허묘를 만들었답니다. 그렇지만 안중근 의사 유해는 일본으로부터 돌려받지 못했어요.

안중근 의사는 1909년 10월 26일 중국 하얼빈 역에서 우리나라를 식민지화하는 데 앞장선 일본의 이토 히로부미를 향해 권총을 쏘고 그 자리에서 붙잡혀 1910년 3월 26일 여순감옥에서 순국했는데 지금까지도 유해를 찾지 못하고 있답니다. 안중근 의사는 "내가 죽은 뒤 내 뼈를 하얼빈공원 곁에 묻어두었다가 우리 국권이 회복되거든 고국으로 반장返葬, 객지에서 죽은 사람을 그가 살던 곳이나 고향으로 옮겨 장사를 지냄해다오. 나는 천국에 가서도 또한 마땅히 우리나라의 회복을 위해 힘쓸 것이다."라는 말을 남겼다고 하는데 100년이 지난 지금도 조국에 돌아오지 못하니 정말 안타까운 일이죠.

삼의사 중에서 윤봉길 의사는 '도시락 폭탄' 주인공입니다. 1932년 4월 29일 중국 상하이 홍커우 공원에서 열린 일왕 생일 연회겸 전쟁 승리기념식이 열렸을 때 윤봉길 의사는 도시락과 물통에 폭탄을 만들어 갖고 들어가 일본군 장교들을 향해 물통 폭탄을 던졌어요. 도시락 폭탄은 스스로 죽기 위해 준비했지만 현장에서 붙잡히는 바람에 터지지 못한 채 윤봉길 의사는 1932년 12월 19일 일본 가나자와 형무소에서 헌병의 총탄에 쓰러지

이봉창, 윤봉길, 백정기 의사를 기리는 삼의사 묘.
왼쪽으로 첫 번째 비석이 없는 무덤은 유해가 없는 안중근 의사의 허묘다.

고 말았습니다.

윤봉길 의사는 마지막 유언에서 "대한 남아로서 할 일을 하고 미련 없이 떠나간다."라고 말했답니다. 1908년 6월 21일, 충남 예산에서 태어나 일본 땅에서 일본인의 손에 죽은 것이 24세. "대장부가 집을 떠나 뜻을 이루기 전에는 살아서 돌아오지 않는다."며 조국을 떠났던 윤봉길 의사는 결국 큰 뜻을 이루고 젊은 나이에 나라를 위해 목숨을 바쳤습니다.

1901년 태어난 이봉창 의사는 일왕 히로히토 일왕을 죽이기 위해 1932년 1월 8일 일본 도쿄에서 관병식을 마치고 돌아가는 히로히토를 향해 수류탄을 던졌습니다. 그리고 품안에 있던 태극기를 꺼내 "대한독립만세!"를 3번 외치고 체포됐지요. 이봉창 의사는 일본 경찰의 모진 고문을 당하다가 그해 10월 10일 이치가야 형무소에서 순국했습니다.

이봉창 의사가 태어난 곳은 서울 원효로, 그리고 지금 무덤이 있는 효창동으로 11세 때 이사 와서 살다 25세 때 일왕을 죽이겠다고 일본으로 떠날 때까지 살았답니다. 어린 시절 뛰어놀던 고향에 묻힌 셈이 되지요.

마지막으로 1896년 전북 정읍에서 태어난 백정기 의사는 1933년 3월 상하이에서 일본 공사를 암살하려고 계획을 세웠으나 미처 실행도 못하고 계획이 탄로나는 바람에 체포되고 말았어요. 우리나라의 독립을 위해 싸웠지만 일본인에 의해 무기징역을 받고 일본 이시하야 감옥에서 순국했습니다. 비록 뜻은 실행하지 못했지만 백정기 의사의 거사 계획은 우리나라뿐만 아니라 중국의 항일정신에도 크게 영향을 미쳐 이후 독립운동을 하는 큰 밑거름이 됐답니다.

효창공원에는 이들 삼의사묘와 안중근 의사 묘 외에 일제시대 상해 임시 정부에서 주요직책을 맡고 있었던 이동녕, 조성환, 차리석 선생의 묘가 있어요.

그리고 효창공원에는 이들 독립운동가들을 기리기 위한 묘역을 만들고 평생 대한민국을 위해 애쓰다 1949년 안두희의 흉탄에 쓰러진 대한민국 임시정부 주석 백범 김구 선생의 묘와 기념관도 있어요.

서울 용산구 임정로 26

+ 플러스 팁

효창공원 이곳은 원래 조선 정조의 맏아들이었던 문효세자의 무덤이 있던 곳으로 처음에는 '효창원'이라는 이름을 갖고 있었어요. 문효세자는 세자 책봉까지 받았지만 5세 때 죽고 말았는데, 효창원에는 문효세자의 생모이자 정조의 후궁이었던 의빈 성씨의 묘, 순조의 후궁이었던 숙의 박씨의 묘 등도 있었어요. 묘역이 넓고 소나무숲이 울창했던 이곳에서 일본군들은 1894년 청일전쟁 때 소나무숲에서 야영을 하기도 했답니다. 일제 강점기에 효창원 일부가 공원이 되고, 1944년 문효세자의 무덤 등을 서삼릉으로 이장하고 이름도 효창공원으로 바꾸었답니다. 효창공원 앞에 있는 효창운동장은 1960년 10월에 만들어졌는데 처음에는 축구전용 경기장으로 세워졌답니다.

12

서울 백범 김구 기념관

독립 외치던 김구 선생 일대기가 한눈에,
백범일지도 볼 수 있다

평생 '대한 독립'을 소원하던 사람이 있어요. 바로 대한민국 임시정부 주석이었던 백범 김구1876~1949 선생이죠. 2002년 개관한 서울 용산구 백범 김구기념관은 김구 선생의 삶과 사상뿐만 아니라, 우리나라 근현대사와 독립운동사를 배우고 이해할 수 있는 곳이기도 해요.

기념관에 들어서면 1층 로비에 커다란 태극기 앞에 김구 선생 좌상이 있습니다. 입구에는 김구 선생의 글 '나의 소원' 중 '우리나라가 세계에서 가장 아름다운 나라가 되기를 원한다'는 글귀가 적혀 있어요. 전시관 1층에서는 김구 선생의 일대기를 한눈에 볼 수 있는 연보, 영상으로 보는 생애와 사

상을 알 수 있는 영상실, 선생의 어린 시절, 동학농민운동과 의병 활동을 한 자료들이 있어요.

꽤 유명한 일화인 김구 선생의 치하포 의거에 관한 이야기는 동영상으로 제작돼 있어요. 치하포 의거란 1896년 3월 김구 선생이 황해도 안악군 치하포의 한 주막에서 우리나라 사람처럼 변장한 일본인 스치다를 죽이고 시체를 강에 버린 사건이에요.

그가 일본인을 죽인 것은 **을미사변***으로 시해된 국모의 원수를 갚기 위해서였죠. 이 일로 선생은 3개월 후 체포돼 사형을 선고받지만 집행 직전 고종의 특사로 사형이 정지됐죠. 그렇지만 풀려나지 못하고 계속 감옥에 있게 되자 김구 선생은 탈옥했어요. 이곳저곳을 숨어 다니다 충남 공주에 있는 마곡

김구 선생이 스님이 되어 머물렀던 마곡사. 김구 선생은 이후 기독교에 입교한다.

사에 들어가 스님이 되었죠. 스님일 때 이름은 원종. 마곡사에는 김구 선생이 머리를 깎았다는 바위와 산책로 등이 있어요.

김구 선생의 감옥 생활은 한 번이 아니었어요. 독립운동에 투신한 선생은 '안악 사건'과 '양기탁 보안법 위반 사건'으로 체포돼 또 한 번의 옥고를 치르게 돼요. 당시 김구 선생은 항일 비밀 결사 단체인 신민회에서 활동하고 있었는데 일제는 보안법이라는 명분으로 신민회원들을 잡으려 했거든요. '안악 사건'이란 안명근 선생이 무관학교를 설립하기 위한 자금을 모집했는데 일제는 그것을 데라우치 총독을 암살하기 위한 군자금이라고 날조해서 무려 160명을 검거한 것을 말해요. 안명근은 우리가 잘 아는 안중근 의사의 사촌 동생이에요.

'양기탁 보안법 위반 사건' 역시 안창호 선생 등과 같이 신민회를 조직한 양기탁 선생을 일제가 만든 보안법으로 옭아매기 위한 것이었죠. 당시 신민회에서 활동하던 김구 선생은 이 사건으로 4년 8개월간 옥고를 치러야 했죠. 이때 선생은 이름과 호를 바꿨어요. 어린 시절 창암이라고 불렸던 이름을 동학에 들어가 창수로 바꿨는데, 일제의 호적에서 이탈한다는 뜻으로 다시 '구九'로 또 바꿔요. 호 역시 '백범'으로 바꿨는데, 이는 가축 잡는 백정과 범부평범한 사람도 애국심이 자기만 하기를 바란다는 뜻이에요.

기념관 2층은 3 · 1운동이 일어나고 나서 대한민국 임시정부 활동에 참여하기 위해 상해로 떠난 다음의 활동에 대해 자세히 전시돼 있어요. 특히 이곳에서는《백범일지》사본을 볼 수 있어요. 기념관 옆에는 김구 선생 묘가 있습니다.

서울 용산구 임정로 26 T. 02-799-3400
http://www.kimkoomuseum.org/

+ 플러스 팁

을미사변 1895년 을미년에 일어난 사변으로서 명성황후 시해 사건이라고도 해요. 일본공사 미우라가 낭인(일본의 떠돌이 무사)들을 시켜 우리나라 궁궐인 경복궁에 침입, 고종의 왕비인 명성황후를 살해하고 시신을 불태워버린 사건이에요.

13

거제도 포로수용소 유적공원

전쟁포로 17만 명,
수용소 안에서도 이념 대립

1950년 6월 25일 새벽, 북한군이 남한으로 쳐들어옴으로써 같은 민족끼리 전쟁이 시작되었지요. 6.25 전쟁은 수많은 사람들을 죽거나 다치게 했습니다. 사람들은 집을 잃고, 아이들은 부모를 잃었지요. 이 끔찍한 민족상잔의 비극은 수십 년이 지난 지금도 상처로 남아있답니다.

우리는 다행히 전쟁을 경험하지 않고 풍요로운 시대를 살지만, 나이가 많은 할아버지 할머니 세대는 이 전쟁을 겪은 분들이 많아요. 직접 북한군과 싸운 분도 있고, 부모가 전쟁 때 돌아가셔서 어렵게 살아온 어른들도 계시죠.

6월 25일 시작된 전쟁은 1953년 7월 27일, 무려 3년도 더 넘은 후에야 끝났어요. 그것도 완전히 끝난 것이 아니라 전쟁을 하다 얼마 동안 멈추는 휴전 상태로 끝났어요. 이후 남과 북은 여전히 대치 상태가 되었고 우리나라는 지금까지 지구상에서 유일한 분단국가로 남아있는 상태랍니다.

경상남도 거제도에 있는 '거제도 포로수용소 유적공원'은 6.25전쟁의 참상을 느낄 수 있는 곳이에요. 이곳은 6.25 전쟁 중에 생긴 포로들을 수용하기 위한 곳이었죠. 이곳에 포로수용소가 만들어진 것은 전쟁이 한창이던 1951년 2월이었어요. 그 전까지는 전국 각지의 포로들을 모아 부산 제1포로수용소에서 수용했는데, 점차 포로들이 많아지자 이곳 거제도에 수용소를 지었죠. 거제도는 우리나라에서 제주도 다음으로 큰 섬이랍니다.

거제도 포로수용소는 짓기 시작하면서 바로 포로들이 들어왔는데 하루 평균 2000명 정도가 들어와 무려 17만 명까지 수용됐다고 해요. 이중에는 300여 명의 여성포로도 있었다고 합니다. 부산에 있던 포로들을 다시 이곳으로 옮기면서 제1포로수용소라는 이름도 거제도로 옮겨오게 되었지요.

포로들이 왔으니 포로들을 관리할 사람도 필요했어요. 포로수용소는 유엔군사령부가 총 관리를 하고, 포로들을 감시하는 것은 한국군 경비병들이 맡았어요. 전쟁이 나기 전 거제도 인구는 7만 명 정도였다고 해요. 그런데 전쟁이 나자 육지에서 전쟁을 피해 사람들이 거제도로 들어왔고, 여기에 갑작스런 포로수용소 설립과 수용소에서 일할 사람들 등으로 거제도는 갑자기 인구가 폭발적으로 늘어나 무려 30만 명에 이르렀다고 해요.

포로들은 처음에는 천막을 치고 생활했는데 얼마나 많은 포로들이 있었는지 들판이 온통 천막촌일 정도였다고 합니다. 그러다 점차 겨울을 나기 위해 흙벽돌로 담을 쌓고 난방도 하는 등 나중에는 그럴 듯한 수용소 시설을 갖추었다고 해요. 사람이 많다 보니 먹는 양도 굉장했어요. 1953년 2월 당시 포로수용소에서만 매일 94톤의 쌀과 곡물들이 소비될 정도였다고 해요.

포로수용소는 한국군과 유엔군의 경비 아래 자치제로 운영되었어요. 그러나 17만 명이나 되는 많은 사람들이 생활하다 보니 안에서는 크고 작은 사고가 늘 발생했답니다. 포로들을 감시하는 한국군 경비병들과의 시비도 자주 일어났어요. 특히 포로의 인권을 중요하게 생각하는 **제네바협약*** 원칙에 따라 한국군 경비병보다 포로들이 더 잘 먹는 등 대우가 좋자 그로 인한 감정싸움도 벌어졌다고 해요.

그러나 그보다 더 큰 문제는 이념 문제였어요. 북한군 포로 중에는 북한에 산다는 이유로 끌려온 사람도 있었고, 남한에 살면서도 공산당이었던 북한군도 있었죠. 뿐만 아니라, 남한에 살다 북한군으로 끌려와 포로로 잡힌 이들도 있었답니다. 같은 포로지만 이들 모두가 북으로 돌려보내지는 것을 원치 않았어요. 공산당을 반대하는 반공포로들이었죠.

공산주의를 따르는 친공 포로들은 수용소 안에서 자체적으로 조직을 만들어 북한과 비밀스럽고 긴밀하게 연락을 주고받았어요. 막사 안에는 북한 인공기와 김일성 초상화가 걸려 있었죠. 친공 포로들은 반공 포로들을 인민재판을 통해 무참하게 학살하기까지 했답니다. 심지어 포로수용소장인 도드 준장을 납치까지 하면서 자기들의 주장을 관철하는 등 살벌하고 무시무시한 상황까지 이르기도 했어요. 결국 포로들을 분리 수용하게 되었지요.

그러나 1953년 정전협정이 맺어지자 포로수용소는 더 이상 필요 없게 되

거제도포로수용소유적공
HISTORIC PARK OF GEOJE POW CAMP
포로사상대립관

었답니다. 휴전회담을 통해 먼저 몸이 아픈 포로들이 북으로 돌려보내지고, 북한으로 돌아가길 원하지 않던 포로들은 1953년 6월 18일 이승만 대통령의 반공포로 석방으로 수용소를 탈출했어요. 이때 나간 반공포로 수가 무려 2만7000여 명에 이르렀다고 합니다. 포로수용소에 남아있던 친공 포로들은 1953년 9월 6일까지 모두 북으로 이송됐어요. 그럼으로써 포로수용소는 더 이상 그 역할을 잃고 폐쇄되었답니다.

60년의 세월이 지난 지금, 이곳 거제도포로수용소 유적공원에 마련된 전시실에서 사진과 모형, 영상자료 등을 통해 당시 포로들의 생활상을 한눈에 볼 수 있어요. 특히 디오라마로 펼쳐지는 수용소의 생활상과 폭동현장 등의 재현은 수용소 안에서조차 이념 전쟁이 얼마나 심각했는지 짐작할 수 있게 합니다. 전쟁을 겪지 못한 우리가 한번은 꼭 가봐야 할 곳이죠.

경상남도 거제시 계룡로 61 T. 055-639-8125 입장료 어른 7,000원 청소년 5,000원 어린이 3,000원
http://www.pow.or.kr/_main/main.html

+ 플러스 팁

제네바협약 전쟁으로 인해 피해를 입은 군인과 민간인을 보호하자는 협약으로, 1949년 8월 12일 스위스 제네바에서 체결된 국제 조약을 말합니다. 포로들에 대해 인간적으로 대우해줄 것, 적절한 음식과 구호품을 제공할 것, 최소한의 정보 이상의 것을 알아내기 위해 포로에게 압력을 가하지 말 것 등의 내용을 담고 있지요. 적십자조약이라고도 한답니다. 적십자를 탄생시킨 앙리 뒤낭에 의해 만들어졌기 때문이죠. 처음 이 조약이 만들어진 것은 1864년이었어요. 그 후 몇 번의 보완과 개정을 거쳐 1949년에 조약이 개정됐습니다.

14

파주 오두산통일전망대

통일 염원 담긴 곳,
가깝지만 바라볼 수밖에 없는 고향 땅

추석과 같은 명절이 되면 흩어졌던 가족들이 다 같이 한집에 모이죠. 할아버지 · 할머니가 계신 시골집으로 가기 위해 기차표나 버스표를 사서 내려가는가 하면, 차를 타고 주차장을 방불케 하는 고속도로를 뚫고 가기도 하죠.

그런데 명절날 고향에 가고 싶어도 갈 수 없는 사람들이 있어요. 바로 북한에 고향을 둔 실향민과 새터민입니다. 6·25전쟁 때 고향을 떠난 실향민들은 지금은 모두 나이가 많은 할아버지·할머니들이에요. 전쟁이 끝나면 돌아갈 줄 알았던 집에 못 가고 기다린 지 벌써 65년이 넘었답니다. 그들이 명절날 찾아가는 곳 중 하나가 경기도 파주시 탄현면에 있는 오두산 통일전망대입니다. 이곳 말고도 북한 땅을 볼 수 있는 곳은 임진각 통일전망대, 강원도 고성 통일전망대 등이 있어요. 서울에서는 오두산 통일전망대가 30분 거리로 가장 가깝답니다.

새터민들은 명절이 되면 오두산 통일전망대에 찾아가 철창 너머 북한 땅을 바라본다고 해요. 서울에서 오두산 통일전망대가 있는 파주로 가는 길은 자유로라고 불려요. 한강을 낀 강변북로와 이어진 이 길은 행주대교 북단에서 임진강을 따라 북쪽의 임진각까지 이어진답니다. 자유로 강변에는 철조망이 쳐 있어요. 곳곳에 군인들의 초소도 있죠. 철조망 밖은 **비무장지대***예요. 자유로는 남과 북의 경계가 얼마나 가까운지 실감할 수 있는 곳이기도 해요.

오두산 통일전망대가 세워진 것도 바로 통일에 대한 염원에서 비롯됐어요. 1992년 9월 문을 연 이곳에 올라가면 가장 먼저 보이는 곳이 강 너머 북한 땅이에요. 날이 맑으면 이곳에서 멀리 개성까지 보인다고 해요. 이곳 통일전망대에서 북한까지 거리는 불과 약 2km. 수영 실력이 있는 사람이라면 수영으로 강을 넘어갈 수 있을 만한 거리지요. 이렇게 가까운 거리를 보고 있으면 남과 북으로 갈라져 고향을 가지 못한다는 게, 부모와 형제를 만나지 못하고 산다는 게 얼마나 안타까운 일인지 절실히 느낄 수 있어요.

전망대에 설치된 망원경을 통해 북한의 모습도 볼 수 있어요. 황해북도 개풍군 관산반도인 이곳에는 북한군 초소를 비롯해 김일성 사적관, 인민문화관, 림한소학교, 탈곡장 등이 있어요. 농촌 문화 주택이란 이름의 3층짜리 아파트가 있는데 이것은 통일전망대가 들어서고 나서 남한을 의식해서 만든 것이라고 해요. 길은 모두 비포장도로로, 자동차도 거의 보이지 않는답니다.

오두산 통일전망대와 전망대 3층에 설치된 망원경. 멀리 북한땅이 보인다.

특이한 점은 일반인의 모습을 잘 볼 수 없다는 것이에요. 이유는 남한에서 훤히 들여다보이는 곳인 만큼 선전을 위한 목적으로 만든 마을만 있을 뿐, 실제 거주하는 사람들이 거의 없기 때문이죠. 이곳을 지키는 군인들만 산다고 해요.

3층에 있는 전망실에서는 바로 보이는 북한 땅을 보며 이런 자세한 설명을 들을 수 있어요. 그 외 1층에는 개성공단홍보관, 통일염원실 등이 있고, 2층에는 북한 주민들의 생활상과 북한 관련 영상물을 볼 수 있는 극장과 오늘날의 남북 관계 등을 알기 쉽게 전시하는 통일전시실 등이 있어요. 평화통일을 염원하고 그 의미를 깨달을 수 있는 장소랍니다.

경기 파주시 탄현면 필승로 369 T. 031-945-3171 입장료 어른 3,000원 청소년 및 어린이 1,600원
http://www.jmd.co.kr/

+ 플러스 팁

비무장지대(DMZ · demilitarized zone) 적대국의 군대 간에 발생할 우려가 있는 무력 충돌을 방지하는 목적으로 설정된 곳으로서, 전쟁무기나 군사시설을 설치하지 않기로 약속된 지역입니다. 우리나라의 비무장지대는 6 · 25전쟁 후 1953년 7월 정전협정에 의해 설치됐는데 남방한계선과 북방한계선 사이의 4㎞ 지대를 말합니다. 이곳은 철저하게 통제되기 때문에 오랫동안 자연이 잘 보존돼 생태계 보고로 불리고 있어요. 비무장지대에는 남과 북 각각 한 개 마을을 두고 있는데 남쪽에는 '자유의 마을'로 불리는 대성동 마을이, 북쪽에는 기정동 마을이 있습니다. 그러나 비무장지대인 만큼 유엔(UN)의 허락을 받아야 들어갈 수 있답니다.

15

서울 국립 4·19 민주묘지

독재 부정선거에 항거한
민주투사들이 잠든 곳

서울 강북구 수유동에 있는 국립 4·19민주묘지에는 4·19혁명 당시 목숨을 잃은 사람들이 잠들어 있고 이들을 기리는 기념탑이 높게 세워져 있답니다. 1962년에 세워진 이 탑은 높이가 무려 21미터여서 멀리에서도 절로 숙연한 마음이 들지요.

1997년에 세워진 4·19국립묘지기념관에는 4·19혁명이 왜 일어났고, 당시 상황이 어떠했는지 볼 수 있는 다양한 자료들이 있습니다. 특히 매일 오전 10시 30분, 오후 2시에 상영되는 4·19혁명에 대한 15분짜리 영상물은 4·19혁명을 이해하는 데 큰 도움이 됩니다.

4·19혁명은 우리나라가 민주화를 이루는 데 중요한 기틀을 마련한 날로 기록되고 있습니다. 4·19혁명이 일어난 직접적인 원인은 1960년 4월 11일 마산에서 김주열이라는 학생의 시신이 발견되면서였어요. 당시 마산상고 1학년이었던 그는 **3.15부정선거***에 항거하는 데모에 참가했다 행방불명이 됐는데 4월 11일 마산 앞바다에서 왼쪽 눈에 최루탄이 박힌 채 발견됐거든요. 선량한 학생이 주검으로 돌아오자 분노한 마산시민들은 규탄대회를 열었습니다. 그러나 당시 자유당 정권은 오히려 시민들을 진압했습니다.

4월 18일 고려대학교 학생 3000여 명은 부정선거와 김주열 학생 죽음에 대한 책임을 물으며 평화시위를 벌였습니다. 그런데 이들 역시 정치깡패까지 동원돼 진압을 당했고, 이 과정에서 수십 명의 학생이 부상당하게 됩니다. 이튿날인 4월 19일, 마침내 고려대학생뿐만 아니라 서울대, 연세대, 홍익대 등 서울시내 대학생들이 일어났습니다. 그들은 국회의사당현재 서울 세종대로에 있는 서울시의회 건물 앞에서 부정선거 규탄과 학원자유를 외치며 이승만 대통령이 있는 경무대청와대의 예전 이름, 현재 강북삼성병원를 향해 행진했습니다. 학생들과 뜻을 같이하는 시민들도 이들과 함께했습니다. 경무대 앞에 모인 사람들 수만 2만여 명. 뿐만 아니라 서울시내 곳곳은 시위대로 넘쳤는데 그 수가 10만 명이 넘었다고 합니다.

경찰은 이들을 진압하기 위해 최루탄과 공포 사격을 했습니다. 시위대가 경무대 앞에 섰을 때 경무대를 지키고 있던 경찰들은 총을 쏘기 시작했습니다. 경무대뿐만 아니라 곳곳에서 시위를 하던 시위대들에게도 총포가 날아갔습니다. 이 과정에서 많은 사람이 죽거나 다치고 말았습니다. 그래서 이

4·19혁명 당시 목숨을 잃은 희생자들을 기리는 사월학생혁명기념탑.

날을 '피의 화요일'이라고 말합니다.

학생과 시민들이 군인들의 총에 죽는 일이 벌어지자 국민들의 분노는 더욱 커졌습니다. 6일 후인 4월 25일, 이번엔 대학교수들이 시국선언을 하고 이승만 대통령의 하야를 요구하며 시위를 했습니다. 이 시위는 전국 곳곳에서 일어났습니다. 할머니, 할아버지, 여학생, 심지어 초등학생들까지도 시위대에 참여할 정도였죠. 4월26일 이승만 대통령은 마침내 대통령직에서 물러난다는 성명을 발표합니다. 국민들의 민주주의에 대한 열망이 이루어낸 성과였죠.

4월 19일 그 '피의 화요일' 날 경찰의 총에 맞아 쓰러진 학생들의 묘지, 그곳이 바로 국립4·19민주묘지입니다. 이곳은 예전에는 4·19공원묘지로 불리다 4·19혁명 35주년이 되던 1995년에 국립묘지로 승격되었습니다. 4·19혁명은 우리나라 헌정사상 처음으로 자유민주주의를 지키기 위한, 독재에 항거한 혁명이었습니다.

서울시 강북구 4.19로 8길 17 T. 02-996-0419
http://419.mpva.go.kr/

+ 플러스 팁

3·15부정선거 1960년 3월 15일은 제4대 대통령 선거 및 제5대 부통령 선거일이었어요. 이날 이승만 대통령은 득표율 88.7%, 이기붕 부통령은 79.2%의 득표율로 각각 당선됐죠. 그러나 선거결과를 믿는 국민들은 거의 없었어요. 부정부패가 워낙 심각했기 때문이죠. 결국 이 선거는 한 경찰관의 〈부정선거지령서〉를 통해 세상에 밝혀졌습니다. 투표함 바꿔치기, 득표수 조작하기, 기권한 사람 투표 대신하기 등 다양한 방법으로 저질러진 부정선거는 4·19혁명으로 이어져 결국 이승만 정권을 물러나게 하고 말았습니다.

16

서울 대법원 전시관

사회와 법을 쉽고 실감나게 배울 수 있다

교통신호를 무시하고 운전을 하면 벌금을 내라는 통지서가 날아들어요. 교통신호법을 어겼기 때문이죠. 법을 어기면 이처럼 벌금을 내거나 큰 죄를 저지르게 되면 감옥을 가게 됩니다. 법이란 함께 살아가기 위해 국가나 공공기관에서 만든 강제적인 규범이에요.

우리나라 최고 법원은 대법원입니다. 사법부의 최고 기관으로서 최종 심판권을 갖고 있답니다. 대법원에는 대법원장과 13명의 대법관이 있어요. 대법원장은 대통령이 국회의 동의를 얻어 임명할 만큼 중요한 자리입니다. 임기는 6년이에요.

대법원 전시관 중 어린이법 체험실은 어린이 눈높이에 맞춰 쉽게 법을 설명하고 있어 아이들과 함께 가기 좋다.

대법원은 서울 서초구 서초동에 있어요. 대법원은 보통 사람이 쉽게 들어갈 수 있는 곳은 아녜요. 특별한 일이 아니면 일반인이 갈 일은 거의 없는 곳이죠. 그러나 이곳에서 어떤 일을 하고 있는가 하는 궁금증을 갖고 있는 사람들을 위한 전시관이 있어요. 이곳에서 진행되는 설명 프로그램은 어린이들을 비롯해 일반사람들이 대법원에 대해 쉽게 이해할 수 있답니다. 평일 오전 9시 30분부터 오후 5시 30분까지 관람이 가능해요.

전시관은 법과 법원실, 법원의 역사실, 어린이 법 체험실 등으로 만들어져 있어요. 먼저 법과 법원실에 들어가면 법의 의미와 역사, 법원의 역할 등에 대해 살펴볼 수 있답니다. 역사실에서는 1948년 대한민국이 세워진 후 지금까지 법원이 어떻게 변화되어 왔는지 그 역사를 살펴볼 수 있는데 판사 임명장, 변화되어 온 법복들, 중요 판결문 등이 진열되어 있어요.

어린이 법 체험실에는 애니메이션과 전자책, 미디어테이블 게임 등이 있어 법과 법원을 쉽고 재미있게 이해할 수 있답니다. 체험한 것들을 간단하게 테스트하는 법률상식 퀴즈코너도 재미있어요. 대법원을 방문했다는 인증샷을 찍을 수도 있답니다.

재판이 어떻게 이뤄지는지 직접 모의재판을 직접 체험할 수 있는 '모의재판 프로그램'도 있어요. 이 프로그램은 3월부터 6월까지, 9월부터 12월까지 진행된답니다. 다만 10명 이상 30명 이내 단체만 가능한데 어린이는 물론 어른도 참여할 수 있답니다. 모의재판을 통해 판사는 어떤 일을 하는지, 검사는 어떤 역할을 하는지, 그리고 변호사는 어떻게 하는지 등을 보다 구체적으로 알 수 있죠. 무엇보다 죄를 지으면 안 된다는 생각을 하게 되고요. 모의재판 시나리오가 준비돼 있어 함께 간 사람들과 배역을 나눠서 하게 되는데 누군가 한 사람은 죄인 역할을 해야 해요. 그런데 아이들은 서로 죄인 역할은 하지 않으려 한답니다.

사법기관의 견학실은 대법원 외에도 헌법재판소와 대검찰청에도 견학실이 있어요. 대법원도 그렇지만 대검찰청, 헌법재판소 등은 일반인이 쉽게 갈 수 있는 곳이 아니랍니다. 그러나 어린이와 중고등학생을 위한 체험견학의 문은 활짝 열려 있어요. 대검찰청은 검찰역사관과 검찰체험관에서 대한민국 검찰의 역사와 검찰의 역할 및 활동 등에 대해 알 수 있답니다. 검사가 꿈인 어린이라면 더욱 관심 있게 가볼 만한 곳이죠. 서울 서초동 대법원 옆에 있어요.

서울 종로구 재동에 있는 헌법재판소는 헌법을 재판하는 곳으로 특별재판소예요. 이곳을 방문하면 영상물을 통해 헌법에 대해 쉽게 배울 수 있고, 헌법연구관 등과 대화를 나눌 수 있어요.

학교에서 배우는 우리 사회와 법을 조금 더 실감 있게 배우고 싶다면 꼭 한 번 가보세요. 특히 법조인이 꿈인 어린이라면 꼭 한 번 체험해보면 좋아요.

서울특별시 서초구 서초대로 219 T. 02-3480-1100
http://www.scourt.go.kr/kids/index.html

+ 함께 가볼 만한 곳

서울시립미술관(옛 대법원 건물) 대법원은 지금은 서초동에 있지만 예전에는 서울 중구 서소문동에 있었어요. 지금의 자리로 옮긴 것은 1995년이에요. 서소문동에 있던 대법원은 1895년에 지어진 최초의 재판소 평리원이 있던 자리에 일제강점기인 1928년에 경성재판소 건물로 지었다가 8.15 광복 후 1948년부터 대법원으로 사용했었답니다. 그러다 점점 일이 많아지고 그에 따라 사람들도 많아지자 지금의 서초동으로 이사를 한 것이죠. 현재 이 건물은 리모델링을 해서 서울시립미술관으로 사용하고 있어요. 옛날 대법원 건물은 역사적 가치뿐만 아니라 건축적으로도 의미가 있으므로 꼭 한 번 가볼 만한 곳이랍니다.

17

포항 국립등대박물관

등대 역사, 등대 지키는 사람의 생활상까지 볼 수 있다

드넓은 바다를 항해하는 배들은 어떻게 목적지를 향해 가는 걸까요? 바다에는 암초도 있고, 갑자기 물길이 세지는 곳도 있는 등 겉으로는 보이지 않는 위험한 것들이 많답니다. 그래서 무턱대고 갔다가는 사고를 당할 수밖에 없죠. 그래서 바다에도 비록 눈에는 보이지 않지만 안전한 길을 안내하는 지도가 있답니다. 이 바다의 지도를 따라 배들은 안전하고 빠르게 목적지를 향해 갈 수 있는 것이죠.

배들이 바다에서 길을 잃지 않을 수 있게 하는 것이 바로 항로표지예요. 항로표지는 운항중인 배의 정확한 위치를 알 수 있게 해주거든요. 항로 표

지 중 대표적인 것이 바로 등대예요. 등대는 특히 밤에 다니는 배들을 위한 거예요. 깜깜한 밤에 등대의 불빛을 통해 현재 배의 위치도 알 수 있고, 위험한 곳이 어디인지 알 수 있거든요. 흔히 '등대와 같다'는 표현을 하는데 그것은 깜깜한 상태에서 빛을 비춰주고 길을 안내한다는 뜻이에요. 그러니 등대가 얼마나 바다에서 중요한 역할을 하는지 알겠죠? 특히 우리나라처럼 3면이 바다인 나라에서는 옛날부터 등대가 매우 중요한 역할을 할 수밖에 없었답니다.

세계 최초의 등대로 알려진 것은 BC 280년 지중해 알렉산드리아 항 입구에 세워졌다는 고대 세계 7대 불가사의 중 하나로 꼽히는 **파로스 등대***예요. 우리나라에서는 《삼국유사》 기록에 처음 나오는데, 48년 금관가야 시절에 횃불을 이용한 기록이 나와 있어요. 산이나 섬에서 봉화를 올려 등대 역할을 하게 한 것이죠. 우리나라 최초의 근대식 등대는 1903년 6월 1일에 그 첫 불을 밝힌 인천에 있는 팔미도 등대랍니다. 팔미도에는 팔미도등대역사관이 있어요.

등대에서 가장 중요한 것은 빛을 내는 등명기예요. 이것은 등대의 심장과도 같답니다. 등명기는 렌즈 또는 반사경이 부착돼 빛을 굴절, 반사시켜 내보내거든요. 멀리 떨어진 배들이 깜깜한 밤에서 이 빛을 보고 움직이는 것이죠.

등대에서 불빛을 내는 방법은 옛날에는 횃불로 밝혔지만, 횃불로 불을 밝히던 등대는 점차 기술의 발달로 석유, 아세틸렌가스를 거쳐 지금은 전기를 이용하고 있어요. 사라져 가는 항로표지 시설과 장비들을 보존하고 그 역사를 보여주는 곳이 있어요. 바로 우리나라의 대표적인 해맞이 장소 중 한 곳

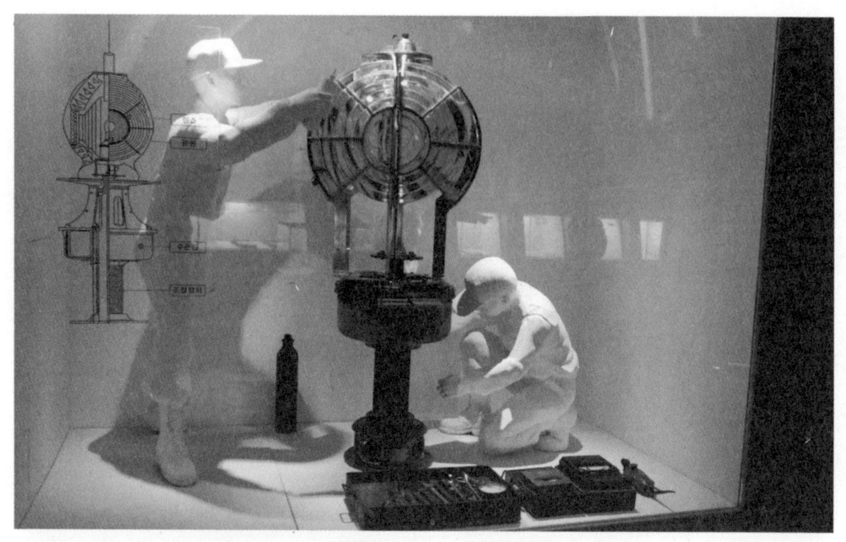

국립등대박물관에서는 우리나라 등대의 역사를 한눈에 알 수 있을 뿐만 아니라,
등대를 지키는 등대원의 생활 등을 볼 수 있다.

포항 호미곶에 있는 국립등대박물관은 우리나라 유일한 등대박물관이다(위).
호미곶 상징이 된 김승국의 '상생의 손'. 1999년 12월 새천년을 기념해 설치된 작품으로
높이 8m, 길이 4m, 넓이 4m임에도 불구하고, 바다 한가운데 있어 작게 보인다(아래).

인 경북 포항 호미곶에 있는 국립등대박물관이랍니다. 우리나라 지도를 보면 포항 옆으로 삐죽 솟아 있는 곳이 있는데 그곳에 바로 호미곶이에요. 우리나라 지도를 호랑이 모습으로 말할 때 호랑이 꼬리에 해당하는 부분이죠.

국립등대박물관은 국내 유일한 등대박물관으로서 1985년 처음 문을 열었어요. 그때 이름은 장기갑등대박물관. 장기갑이라 해서 혹시나 사람 이름인가 싶지만, 호미곶의 또 다른 이름이랍니다. 그래서 호미곶등대라고도 부르죠. 이곳에 있는 장기갑등대는 높이가 무려 26.4m나 되는 국내 최대 규모의 유인등대였어요. 이것이 지방기념물 제39호로 지정된 것을 계기로 이곳에 등대박물관을 세우고 장기갑등대박물관이라고 이름 지었다가, 2002년 국립등대박물관으로 이름을 바꾸었답니다. 장기갑등대는 여러 개의 등대들과 함께 야외 전시장에 우뚝 솟아 있어요.

국립등대박물관은 이 야외전시장 외에 등대관, 해양관, 테마공원, 체험공원 등으로 구성돼 있어요. 등대관에는 정보검색코너, 항로표지 역사관, 항로표지 유물관, 등대원 생활관, 등대사료관 등이 있어요. 등대의 역사와 역할 등을 비롯해 등대 외의 항로표지들, 등대에서 일할 때 사용했던 것들을 실물과 3D 영상 등으로 자세히 볼 수 있죠. 특히 파로스 등대를 비롯해 우리나라 최초의 근대식 등대인 인천 팔미도 등대를 3D 영상으로 볼 수 있답니다.

이 박물관에서 전시된 항로표지와 관련된 물품들은 일상에서는 볼 수 없는 색다른 것들이어서 흥미로워요. 항로표지에는 여러 가지가 있어요. 먼저 등댓불을 밝히는 등명기처럼 야간에 빛을 이용하여 그 위치를 표시하는 광파표지가 있어요. 안개나 눈, 비 등으로 앞이 잘 안 보일 때는 사이렌 소리를 내서 위치를 표시하는데 그것을 음파표지라고 해요. 낮에는 모양이나 색깔로 표시하는데 이것을 형상표지라고 해요. 그 외 특조류신호표지, 선박통행신호표지 등 특수신호표지가 있어요. 등대에는 등대를 지키는 사람이 있었겠죠? 바로 등대원이랍니다. 등대원생활관에서는 등대원의 등대에 불을 밝히고, 그곳에서 어떻게 생활하는지에 대한 궁금증을 풀 수 있어요.

등대는 흰 색도 있고 빨간색도 있어요. 빨간 등대는 오른쪽에 암초 같은 것이 있으므로 오른쪽으로 가지 말라, 하얀 등대는 왼쪽이 위험하니 가지 말라는 뜻입니다. 바닷가에서 무심코 봤던 빨간색, 하얀색 등대도 뱃사람들에겐 아주 중요한 표시라는 걸 알 수 있죠.

경북 포항시 남구 호미곶면 해맞이로 150번길 20 T. 054-284-4857 입장료 무료
http://www.lighthouse-museum.or.kr/kr/

+ 플러스 팁

파로스 등대 BC280년경 지중해 알렉산드리아항 입구에 있는 파로스 섬에 건설된 등대랍니다. 높이가 110m로 거대한 탑 모양이었고 나무나 송진을 태워 불을 밝혔다고 해요. 등대 꼭대기 전망대에서는 수십km 떨어진 지중해까지 보였으며 반사렌즈에 비친 불빛은 50km 밖에서도 보였답니다. 이 등대는 1300년대에 있었던 지진으로 무너졌다고 알려졌는데, 1994년 등대 맨 위에 있었다는 이시스 여신상 등 등대의 잔해가 인양돼 전설처럼 이야기되던 파로스 등대가 실제 있었던 것임을 세상에 알렸답니다. 그 옛날 어떻게 이렇게 큰 등대가 만들어지고, 등대에 불을 밝혔는지 수수께끼로 남은 파로스 등대는 세계7대 불가사의 중 하나랍니다.

18

군산 군산근대역사박물관

일제가 만든 항구도시,
지금도 군산 구도심은 근대 세트장

전라북도 군산 구도시는 마치 영화 세트장 같아요. 한때 최고의 항구 도시였다 개발이 멈춰선 이곳을 여행하는 일은 그래서 마치 타임머신을 타고 1900년대로 돌아간 듯하답니다.

군산은 1876년 일본과 맺은 불평등 조약인 강화도조약에 의해 부산, 원산, 인천, 목포, 진남포, 마산에 이어 1899년 개항된 항구도시입니다. 군산을 통해 일본인들은 국내 최고의 곡창 지역인 호남지역과 충청지역에서 나는 질 좋은 쌀을 일본으로 가져갔어요. 그러다 보니 군산에는 일본인들이 많이 들어와 살았는데 개항 당시 77명에 불과했던 일본인은 1930년대 중반 약 1만 명까지 늘어나 조선인과 일본인의 비율이 반반이었다고 합니다.

갑자기 일본사람들이 밀려들어오다 보니 군산은 일본인을 위한 도시로 새로 만들어졌죠. 집뿐만 아니라 일본식 사찰 동국사, 조선은행, 일본 제18은행, 군산세관, 여관 등이 우후죽순 들어섰는데 그때 세워진 건물 170여 채는 지금도 그대로 남아 있답니다.

이때의 모습을 2011년 개관한 근대역사박물관에서 엿볼 수 있답니다. 박물관이 있는 곳은 부두 바로 앞인데 이곳 마을 이름은 쌀 곳간을 의미하는 장미藏米동입니다. 일제가 강제로 빼앗은 쌀을 보관한 창고가 즐비해서 붙여진 이름이라는데, 얼마나 많은 쌀이 이곳을 통해 실려 나갔는지 잘 알 수 있지요.

박물관에 들어서면 커다란 등대 모형이 서 있습니다. 이 등대는 군산시 옥도면 어청면 어청도리에 있는 등대 모형으로, 1912년 만들어진 당시 모습을 잘 보존하고 있다고 합니다. 박물관은 해양물류역사관, 근대생활관, 기획전시실 등으로 꾸며져 있는데 해양물류역사관은 1층에 있어요. 이곳에서는 국제무역항이었던 군산의 과거와 현재, 미래의 모습을 동영상을 비롯한 다양한 자료로 볼 수 있답니다. 군산이란 도시가 오랫동안 항구도시로 꽤 번창했던 곳임을 알 수 있죠.

가장 흥미로운 곳은 3층에 마련된 근대생활관입니다. 이곳 생활관의 주제는 '1930년, 9월 군산의 거리에서 나를 만나다'입니다. 이 주제에 맞게 이 생활관을 둘러보는 것은 마치 1930년 어느 날 군산 시내를 돌아다니는 느낌이 들어요. 특히 군산 최고의 번화가였던 영동상가 일부를 재현해놓은 거리

마치 영화 세트장 같은 군산 구도시. 이곳에 있는 근대역사박물관에서는 군산을 통해 근대 우리나라 모습을 엿볼 수 있다. 위부터 차례로 근대역사박물관 전경, 박물관 내부에 있는 홍풍행 잡화점 풍경, 술배달 통, 임피역사, 1912년에 만들어진 등대.

전라북도 지정문화재 옛 군산세관. 1908년에 설립된 석조건물로서 서울역사,
한국은행 본점과 함께 중세 유럽 건축 양식이다.

를 구경하는 재미가 아주 쏠쏠합니다. '홍풍행 잡화점'에서는 당시 사람들이 사용했던 생활도구들을 판매했던 모습을 볼 수 있고, 최고의 신발 가게였던 '형제고무신방'에서는 검정고무신과 짚신, 일본인들이 신던 나막신 들이 나란히 판매되고 있는 것을 알 수 있어요. 또 그 시대 사람들이 탔던 인력거와 인력거꾼의 모습을 볼 수 있는 '인력차방'이 있는데, 이곳은 인력거꾼들이 손님을 대기하던 곳이랍니다. 인력차방은 주로 역과 경찰서 앞에 있었는데, 마치 지금 지하철 역 입구 같은 곳에 택시들이 서 있는 것과 마찬가지죠.

쌀이 좋고 풍부했던 군산에서 일본인들은 술 공장도 만들었는데 술 도매상 '야마구찌 소주도매상'을 통해 그 모습을 볼 수 있어요. 술뿐만 아니라 문화 생활공간 겸 독립운동 기금을 마련하는 장소로 쓰였던 극장 '군산좌'와 군산 최초의 사설 한국인 중학교 '영명학교' 등의 모습도 볼 수 있답니다.

또 일본인들은 호남지방에서 수탈한 쌀을 실어 나르기 위해 군산선 철도를 만들었는데 재현해놓은 '임피역'을 통해 당시 수탈 상황을 짐작할 수 있어요. 지금은 비록 기차가 서지 않고 이름조차 생소한 간이역이지만 일제 침략기에는 호남지방에서 생산되는 쌀을 군산항까지 실어 나르는 중요한 역이었다고 합니다. 전북 군산시 임피면 술산리에 있는 임피역사는 1936년 무렵 당시 세워진 그대로 모습을 간직하고 있어 문화재로 지정됐어요.

근대역사박물관 구경을 마치고 밖으로 나와도 왠지 여전히 박물관 안에 있는 느낌이 든답니다. 차가 다니고 몇몇 건물들이 현대식이긴 하지만 근대역사박물관 바로 뒤는 조선은행 건물이, 바로 옆에는 옛날 일본제18은행이었던 건물이 군산근대미술관 등으로 서 있기 때문이죠. 군산시는 남아 있던 건축물들을 보수하고 복원해 근대문화도시 조성사업을 추진하고 있어요.

군산을 가면 빼놓지 않고 들러야 할 곳이 있어요. 바로 '이성당 빵집'입니다. 일제시대 때 일본인이 하던 빵집을 해방 후 이성당이 된 이 집은 우리나라 최초의 빵집으로, 대표 메뉴는 단팥빵과 야채빵입니다.

전라북도 군산시 해망로 240 T. 063-443-8283 입장료 어른 2,000원, 청소년 및 어린이 1,000원
통합권(어른 3,000원, 청소년 2,000원, 어린이 1,000원)을 구입하면
박물관을 비롯해 진포해양공원, 조선은행, 18은행까지 관람 가능)
http://museum.gunsan.go.kr/index.do

+ 함께 가볼 만한 곳

구룡포근대역사관

경북 포항시 남구 구룡포읍 구룡포길 153-1 T. 054-276-9605

일제 강점기 때 큰 항구였던 구룡포에는 일본인들이 지은 집들이 그대로 남아있었는데 이곳을 근대문화역사거리를 만들어놓았어요. 역사관으로 쓰이는 곳은 당시 대부호였던 히토모리가 살던 집이랍니다. 규모는 작지만 당시 큰 부자로 살던 일본인의 살림살이를 엿볼 수 있고, 기모노 체험을 할 수 있어요.

대구근대역사관

대구시 중구 경상감영길 67 T. 053-606-6430 http://artcenter.daegu.go.kr/dmhm/ 입장료 무료

조선식산은행 대구지검이었던 르네상스 양식 건물을 근대역사관으로 단장한 건물입니다. 근대기 대구의 모습은 물론 전시물을 통해 당시 생활상을 알 수 있습니다.

부산근대역사관

부산시 중구 대청로 104 T. 051-253-3845-6 http://modern.busan.go.kr/main/ 입장료 무료

동양척식회사 부산지점 건물로서 한때 미문화원으로 사용되기도 했습니다. 일제가 수탈을 위해 개항을 하기 전까지 한산한 어촌마을이었던 부산이 개항을 하면서 변화된 모습을 볼 수 있어요.

목포근대역사관

본관 전남 목포시 영산로 29번길 6 T. 061-242-0340
입장료 어른 2,000원 청소년 1,000원 어린이 500원

목포근대역사관은 1관과 2관으로 나눠지는데 각각 일본 영사관, 동양척식회사 목포 지점으로 사용됐던 건물입니다. 동양척식주식회사 직원이 사용했던 '토지 측량기' 진본, 일본인을 조선에 이주시키고자 광고했던 '조선농업이민모집' 등이 전시돼 있습니다.

사진 제공 목포근대역사관

19

서울 서대문자연사박물관

46억 살 지구의 변천사를 한눈에 보다

우리가 사는 지구에는 인간을 비롯해 수많은 생물이 살고 있지요. 과학자들은 지구 나이를 46억 년으로 추정하고 있어요. 이 어마어마한 시간 속에서 과연 지구는 어떤 모습으로 살아왔을까요? 그 궁금증을 해결할 수 있는 곳이 바로 서울 서대문구 연희동에 있는 서대문자연사박물관입니다.

서대문자연사박물관에는 다양한 광물, 암석, 공룡 화석, 동식물 및 곤충 등의 다양한 실물표본이 전시돼 있어요. 뿐만 아니라 모형, 입체영상, 디오라마 등으로 마치 실물을 보는 듯한 전시로 지구의 변화를 한눈에 살펴볼 수 있답니다. 초등학교는 물론, 중·고등학교에서 배우는 내용들을 체험하면서 배울 수 있어서 꼭 한번은 가봐야 할 곳이지요.

서대문자연사박물관 안에 들어가면 중앙홀의 커다란 공룡이 가장 먼저 눈에 띕니다. 1억 년 전 백악기에 살았던 아크로칸토사우루스의 모습인데 길이가 11m나 되고, 날카로운 이빨이 호기심을 발동시킵니다. 이 아크로칸토사우르스는 '높은 가시 도마뱀'이란 뜻을 갖고 있어요. 흔히 알고 있는 티라노사우르스가 아니어서 조금 실망할 수도 있지만, 이 공룡은 구애 행위를 한 공룡으로 최근 알려져 유명해졌어요.

공룡이 살던 때 지구는 어떤 모습이었을까? 티라노사우루스, 트리케라톱스 등 다른 공룡 화석도 있을까? 공룡이 살던 시대에는 공룡 말고 다른 생물은 어떤 것들이 있었을까? 서대문자연사박물관에서는 호기심 많은 아이들을 모두 충족시켜 줄 수 있습니다. 뿐만 아니라 공룡 옆에는 무려 13m에 달하는 커다란 고래 모형이 매달려 있어요. 고래가 대체 얼마나 클까 궁금했던 어린이들에게는 이 고래의 실물 모형을 통해 확실히 알 수 있지요

총 3개 층으로 되어 있는 이 전시관 3층으로 올라가면 '지구환경관'이 있습니다. 태초에 지구는 어떻게 만들어졌는지, 생명체는 어떻게 만들어졌는지 특수안경을 끼고 생생한 입체영상으로 관람할 수 있답니다. 지구의 모습도 입체적으로 체험할 수 있고, 구름다리를 걸으면서 태양과 수성, 금성, 토성 등 8개의 행성의 특성도 알아볼 수 있어요. 동굴 속을 탐험하기도 하고, 암석과 광물도 구경할 수 있지요.

2층은 '생명진화관'이에요. 지구에 생명체가 살기 시작한 과정을 한눈에 볼 수 있죠. 생명체가 시작된 고생대를 지나면 아이들이 가장 좋아하는 공룡

서대문자연사박물관에는 건물 밖에도 커다란 공룡 모형이 있어 들어가기 전부터 호기심을 자극한다.

이 살던 중생대에 이릅니다. 공룡의 세계에 들어서면 스테고사우르스 등 공룡 화석을 구경할 수 있답니다.

공룡시대 후에 포유류가 등장하는 신생대를 거치면 영장류가 나타나는데 이곳에서 인류가 어떻게 진화되어 왔는지도 한눈에 볼 수 있지요. 특히 가장 오래된 인류의 직계조상인 호모 하빌리스 모형부터 현생 인류인 호모 사피엔스의 모형이 전시되어 있어 인류 진화 단계를 보다 쉽게 이해할 수 있답니다. 그 외 포유류와 조류, 양서류, 파충류, 곤충 등의 진화과정도 바로 이곳에서 볼 수 있어요.

1층에 내려오면 사람에 의해 점점 파괴되고 있는 지구에 대해 함께 생각할 수 있어요. 사람이 마치 지구의 주인처럼 살면서 환경을 파괴하고 있지만, 이 초록별 지구를 지키는 것도 결국 우리가 해야 할 일이라는 것을 일깨웁니다. 이렇듯 3층부터 1층까지 둘러보다 보면 지구의 탄생부터 오늘에 이르기까지 한눈에 알아볼 수 있답니다.

서대문자연사박물관에서는 상설전시 외에도 기획전과 특별전도 열립니다. 초등 교과 과정에서 배우는 것들을 모두 눈으로 보고 체험할 수 있는 만큼 이곳에서는 유치부부터 각 학년별 교과에 맞는 박물관교실, 체험교실 다양한 프로그램들이 있어요. 특히 '관람 학습 도우미'는 각 학년별로 박물관에서 꼭 알아봐야 할 것들이 질문지 형태로 정리돼 있답니다. 미리 서대문자연사박물관 사이트에서 프린트해 갖고 가면 박물관을 공부하면서 즐길 수 있어요.

서울 서대문구 연희로32길 51 T. 02-330-8899 http://namu.sdm.go.kr
관람료 어른 6,000원 청소년 3,000원 어린이 2,000원

+ 함께 가볼 만한 곳

고성공룡박물관

경남 고성군 하이면 자란만로 618 T. 055-670-4451
관람료 어른 3,000원 청소년 2,000원 어린이 1,500원
http://museum.goseong.go.kr/

사진 제공 고성공룡박물관

국내 최초의 공룡전문박물관으로서 오비랩터와 프로토케라톱스 진품 화석을 비롯하여 클라멜리사우루스와 모놀로포사우루스와 같은 아시아 공룡, 그리고 세계의 다양한 공룡들을 감상할 수 있어요.

계룡산자연사박물관

충남 공주시 반포면 학봉리 511-1 T. 042-824-4055 http://www.krnamu.or.kr/ 입장료 어른 9,000원 어린이 및 청소년 6,000원

가장 많은 소장품을 자랑하는 자연사박물관으로서 실제 공룡화석이 복원된 공룡 홀을 비롯해 암석과 보석, 동물, 바다, 식물, 곤충 등의 세계를 각각 전시하고 있으며 미라보존관도 있어 아이들의 호기심을 자극합니다.

이화여자대학교 자연사박물관

서울 서대문구 이화여대길 52 T. 02-3277-4700 http://cms.ewha.ac.kr/user/indexMain.action?siteId=nhm 입장료 무료

969년 11월 20일에 국내 최초로 설립된 자연사박물관으로서 이화여자대학교 안에 있어요. 동식물과 광물, 암석, 화석 등의 다양한 표본을 전시해놓고 있으며, 실제 자연생태계를 재현해 놓은 디오라마 전시, 살아있는 동물을 관찰할 수 있는 생태코너, 자연환경을 영상으로 접할 수 있는 영상시설 등을 갖추고 있습니다.

목포자연사박물관

전남 목포시 남농로 135 T. 061-274-3655
http://museum.mokpo.go.kr/2011/kor/ 입장료 어른 3,000원 어린이 1,000원, 초등학생 2,000원

지구의 역사와 목포 지역의 문화와 예술사를 함께 볼 수 있는 이곳은 특히 천연기념물 제535호 국가지정문화제로 등록된 육식공룡알둥지화석 원본이 전시되고 있어요. 갓바위 문화거리 중심에 있으며 입장권 하나로 문예역사관, 생활도자박물관까지 둘러볼 수 있어요.

부산해양자연사박물관

부산광역시 동래구 우장춘로 175 T. 051-553-4944 http://sea.busan.go.kr/index.do 입장료 무료

해양자연사분야 전문 박물관으로서 뱀, 도마뱀, 거북 등 살아있는 열대파충류를 전시하는 열대생물 탐구관을 비롯해 국내외 희귀 관상어류, 산호류, 파충류, 상어류, 대형어류 전시 등 다양한 해양생물을 볼 수 있어요.

20

태백 태백석탄박물관

석탄이 연탄으로 만들어지는 과정을
모두 볼 수 있다

요즘 가정에서는 연탄을 사용하는 일이 드물어 아이들은 구멍이 숭숭 뚫린 새까만 연탄을 보면 저걸로 뭘 할까 궁금하기도 할 거예요. 지금은 가스레인지에서 음식물을 조리하고, 도시가스등으로 난방을 하고 있지만 예전에는 모두 연탄을 사용했답니다. 연탄에 불을 피워 집안도 따뜻하게 하고, 연탄불로 음식을 조리하기도 했죠. 아마 어른들 기억에는 찬바람이 쌩쌩 부는데 연탄 갈러 나가느라 점퍼를 걸치던 아버지의 모습이 다들 있을 거예요. 이렇듯 유용한 연탄이지만 탈 때 발생하는 가스에 중독되면 질식사도 할 수 있어요. 조금만 연탄가스를 맡아도 머리가 띵하고 아프죠. 지금도 경제적으

석탄박물관에 전시된 광부들의 모습.
아래 사진은 갱도를 타고 땅속으로 들어가 석탄을 캐는 모습이다.

로 어려운 사람들은 연탄을 사용해요. 아무래도 기름값등에 비해 비용이 저렴하기 때문이죠.

연탄의 주원료는 석탄입니다. 석탄가루를 일정 모양의 틀에 넣어 찍어낸 것이 바로 연탄이거든요. 석탄은 우리나라 산업화 발전에 크게 기여했답니다. 그렇다면 석탄은 어떤 물질이고, 그것을 어떻게 인류가 사용하게 되었을까. 뿐만 아니라 우리나라에서는 60년대 말부터 80년대까지 전 국민이 연탄을 사용했는데 그렇다면 얼마나 많은 석탄을 생산했을까. 석탄이 연탄이 되는 과정은 어떻게 되는 걸까? 이 모든 궁금증을 풀 수 있는 곳이 바로 강원도 태백에 있는 태백석탄박물관이랍니다.

태백석탄박물관은 1997년 문을 열었어요. 태백은 예전에 전국에서 사용되는 석탄의 30%를 생산할 만큼 석탄을 캐던 광산이 가장 많았던 곳이에요. 한때는 전국 광산이 300여 개가 넘었는데 이곳에만 30여 개가 있었다고 해요. 2013년 8월 현재 태백장성광업소를 비롯해 전국 광산은 5개뿐랍니다.

석탄은 땅속에 있는 광물질이에요. 그래서 석탄은 한때 '검은 황금'이라고도 불렀어요. 우리나라뿐만 아니라 전 세계 대표 에너지원이었으니까요.

석탄박물관은 야외전시실을 제외하고 실내에만 3개층에 총 8개의 전시실을 갖추고 있답니다. 책에서 사진으로만 봤던 다양한 광물질이 전시된 곳을 비롯해 석탄생성 과정, 석탄채굴 과정 등을 볼 수 있는 전시실이 쭉 이어져요. 아이들에게 가장 흥미 있는 부분은 바로 탄광생활관과 체험갱도관입니다.

오래전부터 화전민이 살던 태백 지역은 광산이 들어서면서 방 한 칸, 부억 한 칸짜리 광산 사택들이 즐비하게 들어섰는데 탄광생활관에서는 그 집에서 광부 가족이 생활하는 모습을 볼 수 있어요. 체험갱도관에서는 갱도를 타고 땅속으로 들어가 석탄을 캐고 그것을 운반하는 과정을 볼 수 있어요. 깊은 땅속에서 헤드라이트에 의지해 채굴을 하다 보면 석탄가루가 온몸에 묻어 새까맣게 되는데 새까만 광부 아저씨들이 땀을 흘리며 일하는 모습도 볼 수 있답니다. 갱도에서 나온 광부 아저씨들은 모두 새까매 가족들조차 알아보지 못할 정도였다고 합니다.

하루 종일 석탄가루를 마시면서 일하는 광부 아저씨들은 마스크를 쓰고 일하지만 숨을 쉬면서 석탄가루가 폐에 들어가는 경우가 많아 진폐증으로 고생하는 사람이 많았어요. 진폐증은 오랜 시간이 걸린 후 나타나는 병이에요. 그런데 광부는 물론 가족들이 광산에서 일하면서 진폐증보다 더 두려워했던 것은 갱내가 무너지는 사고, 즉 붕락사고였어요. 안전장비를 하고 들어가 채굴을 하다 붕락사고가 일어나면 구조작업에도 불구하고 자칫 인명사고로 이어질 수 있기 때문이죠. 지금도 전 세계 광산에서는 붕락사고로 목숨을 잃는 사람들이 있답니다. 태백석탄박물관에서는 붕락사고 체험도 할 수 있는데 이러한 체험을 통해 열악한 환경에서 산업역군으로서의 역할을 다했던 광부들의 노고를 조금이나마 생각해 볼 수 있겠지요.

강원도 태백시 천제단길 195 T. 033-552-7720 입장료 어른 2,000원 청소년 1,500원 어린이 700원
http://www.coalmuseum.or.kr/

+ 함께 가볼 만한 곳

보령석탄박물관

충남 보령시 성주면 성주산로 508 T. 041-934-1902
입장료 어른 2,000원 청소년 800원 어린이 500원
http://www.1stcoal.go.kr/CmsHome/MainDefault.aspx

1995년 5월 18일 개관한 우리나라 최초 석탄박물관으로서, 충남 지역의 중요 석탄 산지였던 탄광을 박물관으로 만든 거예요. 실내외 전시관으로 나뉘어져 있으며 석탄의 생산과정부터 이용하기까지의 과정을 상세하게 알아볼 수 있어요. 이곳의 가장 큰 특징은 지하 400m까지 내려가는 체험을 할 수 있는 엘리베이터가 있다는 것. 엘리베이터를 타면 갑자기 어두워지고 번쩍번쩍하는데 층수는 400까지 마구 올라간답니다. 엘리베이터 밖으로 나가면 지하갱도가 펼쳐지는데 폐광바람을 이용한 냉풍터널을 지나게 돼요. 한여름에도 이 냉풍터널은 에어컨을 튼 것처럼 시원하답니다. 그러니 이왕이면 한여름에 가면 더욱 좋겠죠? 연탄체험장도 있어 직접 연탄을 만들어볼 수도 있답니다.

문경석탄박물관&가은촬영장

경북 문경시 가은읍 왕능길 112 T. 054-550-6424
입장료 어른 2,000원 청소년 1,500원 어린이 800원(갱도 체험료 별도, 통합매표 가능)
http://coal.gbmg.go.kr/open.content/ko/

일제 강점기 때 개발돼 오랫동안 탄광이었던 곳을 1999년 5월 박물관으로 개관됐어요. 갱도전시장에는 1963년 석탄을 캐내기 위해 뚫은 후 1994년 문을 닫을 때까지 사용한 갱도가 있는데 이 갱도의 깊이는 800m, 길이는 400km나 된다고 해요. 이곳에서 일한 사람만도 4300명이나 된다고 합니다.
바로 옆에는 가은촬영장이 있어요. 고구려마을, 신라마을, 안시성, 요동성, 성내마을 등으로 구성된 이 촬영장에서는 드라마 〈광개토대왕〉 〈무신〉 등 많은 드라마를 촬영했답니다. 운 좋으면 촬영 현장도 구경할 수 있어요.

사진 제공 문경석탄박물관&가은촬영장

찾아보기